最新
增訂版

燒肉美味手帖

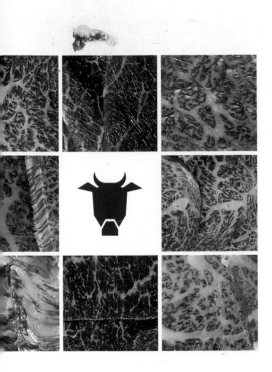

監修　藤枝祐太

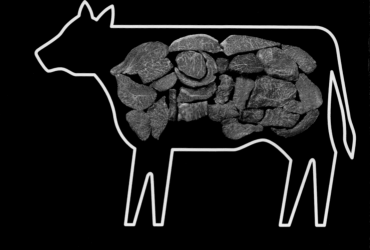

最新增訂版 燒肉美味手帖
CONTENTS

**知道後樂趣更多！
牛肉小專欄**

本書網羅牛肉相關的各種雜學、更深一步的考察，以及專家才知曉的秘辛，包含「牛肉也有『產季』嗎？」、「那個部位稱呼有何由來？」、「引發話題的『熟成肉』是什麼？」、「炭火與瓦斯火哪個更好？」……等內容在內的34篇專文。不但收錄新手入門的常識，更不乏老手追求精益求精的知識。只要閱讀本書肯定能讓燒肉店內的肉品談論熱度更上一層樓！

豬肉 Pork

雞肉 Chicken

燒烤奧義

《最新增訂版 燒肉美味手帖》的閱讀方式

本書採筆記本尺寸，可時常隨身攜帶於包包中，
亦可置於店中作為引導書冊或談話暢聊的話題特輯活用。

Index
大致將牛肉的精肉部位分為四大部分。標示該頁所示肉品屬於哪個部位。

部位地圖／階層
標示該肉品位於身上的哪個部位。

特徵
簡要標明各部位所具有的特色風味。

燒烤指南
簡要說明肉品專家所推薦的烹烤方式。

Detail Check!
著重於肉品「外觀」，解說其美味關鍵。

DATA
從流通量的角度分成五個等級來評定肉品的稀有程度、價位高低、油花多寡、肉質軟硬程度等細節。

牛肉小專欄
介紹牛肉相關小知識。稍微小露一手就能演繹好一名「肉品達人」囉！

距今約十五年前，我萌生出了一股想用肉品博得眾人歡笑的想法。在因緣際會下，我透過當時的工作與肉品結下了不解之緣，秉持著「既已如此，那便更加深入鑽研肉類領域」的想法，開始一邊當學徒一邊到位於東京芝浦的東京都中央批發市場肉品市場做幫工。

來自全國各地的活牛與豬隻被運來此地進行易於我們食用的加工處理——親眼目睹到這個過程，令我切切實實地感受到

燒肉是一種娛樂

**由「肉品專家」現身指導，
越了解越知曉何為美味的「燒肉達人」漫談。**

燒肉芝浦負責人
藤枝祐太

「いただきます」（原意為領受，中文多譯為我開動了）指的正是「領受化為食物的生命」的這個不容置喙的事實。而我的職責便是將這些生命提供給顧客。如同壽司界有壽司職人一稱，我尤為希望自己也能成為肉品界的「肉品職人」，將燒烤的美味不遺餘力地傳遞給大眾知曉。

本書收錄許多我從過去經驗總結出來的「透過燒肉享用幸福的美味提示」。燒烤有著維繫人際關係、擴大社交圈，讓齊聚當下的人們歡笑聲不斷的力量。若您能手拿此書，欣然感受燒肉所帶來的娛樂性，我將感到萬分榮幸。

不浪費每一口肉以無愧生命。

**為了發揮「生命」最大程度的美味，
藤枝先生選擇按照肉的部位採用不同切法。**

藤枝先生的一天就從研磨切肉用的菜刀開始。基於「肉要現切才好吃」的理念，在自家店內採行顧客現點後才一片片精心切取的做法。不做任何冷凍保存，所以風味格外突出。

可享受「肉品專家」深厚功力的燒肉聖地

藤枝先生名下店鋪的牛肉，僅提供脂肪熔點較低的母和牛肉。備有受歡迎的肩胛板腱肉與上後腰脊蓋肉，以及備受肉品達人關注的瘦肉外側後腿眼肉、稀有性較高的夏多布里昂等，種類壓倒性繁多的肉品部位，可從一片開始點餐。佐附的燒肉沾醬、內臟佐醬當然皆為天然無添加。可在最佳狀態品嚐最高品質的牛肉。

■ 燒肉芝浦 駒澤本店
東京都世田谷区駒沢5-16-9　TEL：03-5706-4129
營業時間：17:00～24:00（L.O.23:00）店休日：週一

■ 燒肉芝浦 三宿店
東京都世田谷区下馬1-45-6 WISTARIA PLAZA二樓
TEL：03-6805-4129
營業時間：17:00～24:00（L.O.23:00）店休日：週三、四

■ 肉の藤枝
東京都世田谷区下馬1-45-6 WISTARIA PLAZA一樓
TEL：03-6805-4129
營業時間：13:00～17:00　不定期店休

肉品專家親自傳授！
讓牛肉加倍美味的炙烤奧義

依熱源分類

火力強度 **強**

炭火
[戶外]
P.10~15

特徵 ○火力強大
需留意的重點
○需完全點燃木炭才能進行燒烤
○留意不要烤焦

瓦斯
[店內]
P.16~19

特徵
○易於以穩定火力燒烤
需留意的重點
○需視肉的油花多寡與厚度頻繁調整溫度

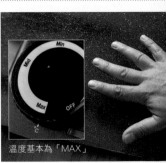

電力
[家用]
P.20~23

特徵
○不易進行火力微調
需留意的重點
○肉類容易將釋出的水分再次吸收回去

弱

溫度基本為「MAX」

將肉烤得美味可口。僅僅只是想要做到這點，卻十分不易做到。
當然只要具備大致的知識與經驗，也能將肉烤得相對好吃。
但那是否就是最佳解答呢？該怎麼做才能將肉烤得加倍可口呢？
關於這點，應該將目光放在不同熱源所帶來的火力差異。
此處將以戶外（炭火爐）、店內（瓦斯爐）、家用（電烤盤）三種火力為例，
分別介紹烹烤上等牛舌、上等瘦肉、上等五花肉、上等橫膈膜肉的美味燒烤法。
還請參閱對肉瞭如指掌的男人，藤枝祐太的燒烤秘訣。

肉片厚度 厚

牛肉的挑選方式
○大膽的厚切法
○適合烹烤內臟與
　厚切肉
○能將一大塊肉烤
　得可口美味

牛肉的挑選方式
○適合烹烤厚度
　約6～10mm的肉

牛肉的挑選方式
○厚度約3～5mm的
　肉為佳

薄

用炭火烹烤出美味？

在野外露營等戶外場合中，使用炭火烤出來的烤肉肯定更為好吃。
要想吃到妥善運用炭火的強大火力烤出來的美味烤肉，
備上具有厚度的牛肉是炭火烹烤準則。試著豪邁地烤上一整塊牛肉吧！

POINT-1
木炭應完全點燃以後
再進行燒烤

請讓木炭完全著火以後再來
烤肉。事先準備好火力分布
均勻、不把肉烤焦的木炭是
美味燒烤的第一步。

POINT-2　應留意牛肉側邊的漸層

由於是厚切肉塊，所以更容易確認側邊的熟度漸層變化。請邊烤邊觀察肉塊側邊
因受熱而逐漸變成漸層色的熟度狀況，同時不忘頻繁翻面以避免烤焦。

POINT-3
記得確實烤好
牛肉塊的每個表面

確實烤熟表面，可以將牛肉的鮮甜與油脂鎖在裡面。尤其是一大塊牛肉，要仔細地反覆翻面，將每一面（六面）都烤得焦香四溢。

牛五花肉或外橫膈膜肉這類具有厚度的肉，要記得連側邊也一併烤熟。

POINT-4 烤好以後應靜置片刻再行享用

油脂會在剛烤好的牛肉之中來回流動，肉的鮮味成分也尚不穩定。稍微靜置片刻可令牛肉整體內部吸收肉汁，迎來最美味的享用時機。

▲剛烤好就立刻分切，可以從切面處看出油分尚不穩定。切面呈現右照所示的粉紅色澤為最佳食用狀態。

最基本的美味烹烤手法

[上等牛舌]

❶ 檢視側邊漸層色澤確認熟度。

❷ 翻面再次確認熟度色澤。

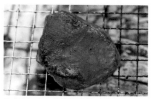

❸ 頻繁翻面直至雙面呈現此種色澤，
即烹烤完成。

❹ 稍微靜置片刻，中間將會呈現粉紅
色澤！口感脆嫩有嚼勁。

[上等瘦肉]

❶ 檢視側邊漸層色澤確認熟度。

❷ 頻繁來回翻面燒烤均勻。

❸ 別忘了側邊也要一併炙烤。

❹ 離網以後靜置片刻，靜待可享用的
美味時機到來。

在強大的火力之下，即便是厚切肉塊也能迅速烤熟。
為了避免烤焦，請別忘了頻繁翻面確認烹烤上色程度，
以烤出最佳狀態為目標！

［上等五花肉］

❶檢視側邊漸層色澤確認熟度。

❷翻面之際逼出多餘油脂。

❸雙面焦香金黃的炙烤色澤標準。

❹經過靜置片刻的切面。與剛烤好的牛肉一同品嚐比較也是一大樂趣。

［上等外橫膈膜］

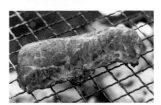

❶檢視側邊漸層色澤確認熟度。

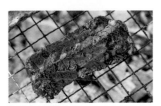

❷逼出表面的油脂。

❸剛烤好就切開，裡面油脂尚不穩定而呈一分熟狀態。

❹雖然迫不及待想品嚐，但還是靜候至油脂穩定下來吧。

13

唯有炭火烹烤才有的樂趣

來火烤一大塊牛肉吧！

炭火燒烤的最大樂趣就在於整塊肉烘烤。
可以邊烤邊切開一側觀察看內部狀況，
若覺得還沒烤好，只要重複進行再次
炙烤切面而後進行靜置作業即可。
一同追求最佳的燒烤火候吧。

STEP-1

整體撒上鹽巴，放到烤網上面。
此次使用的整塊牛肉部位為下後腰脊球
尖肉。

STEP-2

從切面看到肉塊下方受熱呈現出漸層色
以後，翻動到下一面。

STEP-3

一邊確認表面烤色
一邊翻動肉塊進行烹烤。
否則肉汁（水分）會從未炙烤的表面揮
發掉。

STEP-4

六個面都確實炙烤好以後，
暫時離火靜置片刻。

也可放到烤盤上面
暫時避開火源。

STEP-5

拿出夾子代替手指。
用夾子輕壓牛肉確認其彈性，
稍微切下側邊的一小片肉察看。
內裡紅色仍舊略深，呈一分熟狀態。

STEP-6

貌似再稍微烤一下會比較好。再次放到
烤網上面，整體炙烤一次。
烤好以後離火，用鋁箔紙包起來，靜置
五分鐘左右。

STEP-7

餘熱會繼續讓內部加溫，
待內部變成剛剛好的粉紅色澤即是最佳
享用時機！

用**瓦斯**烹烤出美味！

在此將以藤枝祐太先生負責人營運的「燒肉芝浦」店舖供應方式為例，為大家介紹在以瓦斯爐火為主的烹烤訣竅。當然燒肉店的熱源與肉的分切方式並不在此限。在此將提供能將各家店舖供應的優質燒肉烹烤得更加美味的方法，讓大家作為一個參考。

POINT-**1**
伸手停留3秒。以「1、2、3，好燙！」為基準

瓦斯烤爐的魅力之一就在於容易維持火力穩定。溫度太高或太低都是NG的。將手伸到烤網上方之後，能從一數到三停留三秒鐘就是溫度適中的基準。這也就是說，沒辦法數到三秒就是溫度過高，能數超過三秒就是溫度過低。

燒肉店中使用的烤網經過特殊加工，具高保溫性而不易冷卻。

POINT-**2**
鎖定火源上方的位置
將肉擺得井然有序為佳

雖然爐面火力穩定，但如果看得見瓦斯明火就擺放在火源正上方吧。為了易於確認肉的最佳受熱狀況，將肉擺放得整齊有序是一大前提。

POINT-3
多翻面幾次也OK！
要確認好整體上色程度

根據肉的厚度與部位的不同，有易於受熱的部分，就會有難以烤透的部分。基本上要反覆進行確認受熱狀況與翻面的作業，以烤出肉質狀態最佳的烤肉為目標。雖然也有「烤肉只需翻面一次為佳」的說法，但也無需受限於此。

不過瘦肉過度受熱會令肉質變得乾柴，最好翻面一次就好。

POINT-4
靈活運用夾子代替雙手指

要判斷肉塊受熱狀態的辦法就是確認肉的彈性。其實如果能用自己的指尖直接去做確認是最好的，但我們也不可能徒手碰觸烤得熱騰騰的肉塊。在這種情況下能運用自如的就是夾子了。可以把夾子的前端視為是延伸出去的指尖，不單只是用來夾肉翻面，還可以積極用於確認肉的彈性。

POINT-5　烤好以後應靜待20秒再行享用

雖然不是不能理解「太好了，我烤出最棒的肉了！啊，我要開吃了！」這樣迫不急待享用的心情，但還是要請你稍等一下！剛烤好的肉請不要立刻送入口中，先放到盤子裡面等待個20秒吧！這是因為剛出烤網的肉還處於油脂在肉中流竄的狀態。離火以後略做靜置的短時間內，裡面的油脂會漸趨穩定，邁入更加美味的狀態。好不容易精心烤出來的肉，只需再忍耐20秒就會臻於完美！

最基本的美味烹烤手法

[上等牛舌]	[上等瘦肉]

❶ 厚度10mm。由於側邊熟度色澤不易看清,要邊翻面邊確認。

❶ 厚度6mm的下後腰脊球尖肉。整齊擺放於火源之上。

❷ 確認整炙烤色澤的同時,細心地多次翻面。

❷ 出現脂肪滋滋作響的聲音,表面冒血水就是要翻面的時間點。

❸ 經過數次的確認與翻面,逐漸呈現極佳的炙烤色澤。

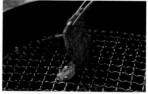

❸ 瘦肉過度受熱會變得乾柴。翻面一次就OK。

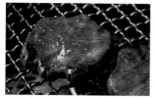

❹ 烤到邊緣開始有些微焦就是烤好了的信號。請享用這脆彈的口感。

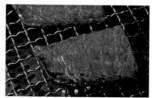

❹ 翻面以後只需再烤上一半的時間即可。需留意不要烤得太過頭。

用火力穩定且任何人都能輕易使用的瓦斯爐火進行烹調。
由於火力比炭火來得低，所以肉不要切太厚會比較好烤。
先從伸手確認溫度開始謹慎地烹烤吧！

［上等五花肉］

❶厚度6mm的肩胛小排。因為脂肪多
　而肉薄，所以很好烤熟。

❷頻繁確認炙烤色澤並及早翻面。重
　點在於不要把肉烤焦。

❸也可以用夾子確認彈性的同時翻面
　數次。

❹趁著還沒烤焦的時候盛到盤子裡。
　靜待20秒即屬完美。

［上等外橫膈膜］

❶厚度10mm。脂肪含量多，所以要頻
　繁進行確認以避免烤焦。

❷多次確認炙烤色澤的同時不要忘翻
　面，將肉汁鎖在裡面。

❸側面也同樣炙烤。用夾子同時夾住
　兩塊肉，均勻加熱肉片。

❹用夾子確認肉的彈性，將肉烤得焦
　香。

用電力（電烤盤）
烹烤出美味！

能在想待在家中享受燒烤的時候派上用場的正是電烤盤。使用卡式爐等瓦斯爐火來燒烤時，可參閱「用瓦斯烹烤」的頁面，但如果使用的是盤面沒有凹凸的電烤盤，則可以參考此處所介紹的燒烤技巧。烹烤重點之一在於烤盤上面有無滴油孔洞設計。

POINT-1
伸手確認烤盤溫度。
若情況允許請設定為高溫

電烤的特徵在於火力相較之下比炭火跟瓦斯還低，不易進行微調。就算將調節溫度的旋鈕轉到MAX，呈現出來的高溫也比不上炭火跟瓦斯爐。首先將火力調整到MAX，伸手確認溫度是否夠高。

POINT-2　建議用薄切肉。烤時最好用夾子壓住上翹的地方

因為是使用火力相對較小的電力進行烹烤，所以建議使用薄切肉。
但由於烤盤不同於烤網，沒有「鏤空之處」，因而導致肉一烤就會有地方上翹。
這種時候就要用夾子去把肉壓住，注意盡量讓肉片受熱均勻。

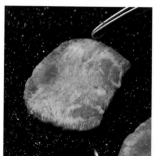

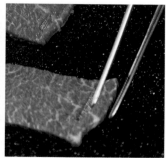

▲單面烤過後，肉汁會這樣留在烤盤上。
用廚房紙巾擦去多餘肉汁。▶

POINT-3
翻面之前使用廚房紙巾
擦去殘留肉汁

電烤盤不像烤網那樣存在「鏤空之處」，所以也就沒有能夠散熱跟滴油的地方。一旦開始烤肉，從肉裡面冒出來的水分跟油脂就會溢流到烤盤上面，如果繼續一直烤下去，肉就會自下而上陷入蒸烤狀態。這也就代表著，多餘的異味與油分又會被肉吸回去，導致肉的美味程度減半。為了避免出現這種情況，就要在翻面的時候擦去殘留在肉下面的多餘汁水，以乾淨狀態的烤盤烹烤另一面。

擦乾淨以後再翻面烤，
就能將肉烤得焦香美味。▶

POINT-4 烤好以後靜置片刻再行享用

和炭火跟瓦斯一樣，剛烤好的肉還處於油脂在肉中四處流竄的狀態，所以建議在把肉夾到盤子裡面的短暫時間內，稍作靜置再行享用。略做靜置能讓油脂穩定下來，讓人享用到不論口感跟美味都邁入最高狀態的極致美味。

最基本的美味烹烤手法

[上等牛舌]

❶ 厚度5mm。因為肉會在烤盤上面翹起，所以要用夾子把肉壓住。

❷ 油脂流淌而出就是翻面的時間點。

❸ 翻面前要先把肉夾開，擦去多餘水分。

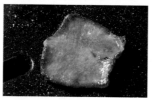

❹ 邊緣烤至焦香即烹烤完成。

[上等瘦肉]

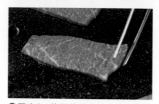

❶ 厚度3mm的下後腰脊球尖肉。開始烤就會上翹，要用夾子把肉壓住。

❷ 周邊冒出血水。

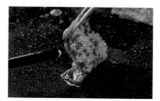

❸ 確認背面，翻面放到烤盤上仍舊乾淨的其他地方。至此僅花7秒。

❹ 因為肉很薄，所以動作要快。翻面再烤3秒即可離火！

因為電能加熱需要花費一些時間，所以要將溫度調節到MAX，
伸手確認溫度夠高了以後，就可以開始烹烤。
請不忘擦去薄切肉的肉汁將肉烤得焦香美味。
另外，此處以「燒肉芝浦」
於網路商店販售的肉品薄度為前提進行解說。

[上等五花肉]

❶厚度3mm的肩胛小排。用夾子壓住
上翹之處。

❷雖然水分較多，但因為肉很薄，所
以單面很快就能烤好。

❸確認烹烤上色以後，翻面放到烤盤
上仍舊乾淨沒水分的其他地方。

❹因為肉很薄，所以翻面一次即可烤
好！

[上等外橫膈膜]

❶厚度5mm。因為很容易烤熟，所以
要頻繁確認炙烤色澤。

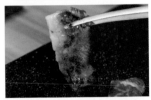

❷大約烤至呈現此種色澤就要翻面。
翻面一次就OK。

❸翻面時避開有肉汁殘留的地方。

❹因為肉很薄，所以很快就能烤好。
稍微靜置一下再行享用。

牛

Beef

　　上等肩胛肉、肩胛里肌肉、後腿股肉心等「稀有部位」，還有「品牌牛」、「熟成牛」、「瘦肉」，以及「A5」或「A4」這類所謂的「等級」之分。隨著這些詞彙在日常生活中漸趨常見，近年來在日本更是掀起了空前的牛肉熱潮。但另一方面，和牛遺傳因子的不法外流問題中，和牛在世界上的存在感也越發高漲。本書將徹底介紹牛肉相關基礎知識、部位解說，還有一提起就能炒熱氣氛的牛肉學問，以及美味的烹烤方式。趁此機會帶著正確的知識去享受加倍美味的好時光吧。

出乎意料不知道的「牛肉」小知識

何謂 B.M.S？

　　「等級」是現今牛肉相關的流行用語。而 B.M.S. =「Beef Marbling Standard」也是其中之一，指的是以12等級劃分出牛瘦肉中有多少油花分布的牛脂肪交雜基準。No.12是最高的脂肪交雜等級。

要想知道牛肉美味的基本，就要先確實了解「和牛」的種類

　　日本國內流通的牛肉有國產牛肉跟進口牛肉。國產牛肉有和牛與其他品牌牛（乳牛品種的荷蘭乳牛，以及母荷蘭乳牛與公黑毛和種牛的雜交種）。以下將介紹日本國產的四種和牛品種。由於這些品種肉質各異，希望大家都能找到合意的和牛。此外，關於日本國產牛與和牛之間的差異，可參考P.41的專欄介紹。

黑毛和種

此品種為日本各地產量最多的和牛品種。其毛色為略帶些許褐色的黑毛。因具有較高的脂肪雜交能力而在海外相當受到矚目。能在澳大利亞生產繁衍這一點也引發了一波話題。

褐毛和種

其毛色屬於明亮的赤褐色，被稱為「紅牛」或「褐毛牛」。主要產地為熊本縣與高知縣。其魅力在於除去多餘脂肪而有著適度油花分布的霜降肉與富含鮮味成分的瘦肉之間均衡的組成比例。

牛 的 種 類

日本短角種

為近期因瘦肉風潮而受到熱切矚目的品種。以岩手、青森、秋田、北海道為主要飼養地。由於此品種肉質多為油花分布較少的瘦肉，故而富含可形成麩醯胺酸等鮮味成分的胺基酸。

無角和種

為大正時代以黑毛和種與安格斯牛種交配所得，並於昭和時代初期進行品種改良出來的和牛品種。以山口縣荻市為主要飼養地。誠如其名並沒有牛角，身上的毛色也比黑毛和種更為濃黑。

照片提供／日本獨立行政法人 家畜改良中心

牛肉的
等級

等級劃分可以拿來作為
個人肉品喜好的判斷標準

　　看到燒肉店中所熟悉的「A5」或「A4」標示，有的人會覺得A5的肉因為價格較高所以比較好吃，但實際上卻不知為何如此劃分。這類人可以先從「精肉等級」與「肉質等級」的分類規範開始了解。簡單來說，精肉等級就是可從屠體（家畜除去外皮、內臟等部位的狀態）中取下的精肉比例。而所謂的肉質等級則是依據「脂肪交雜」、「肉品色澤」、「肉品緊實度與筋的粗細」、「脂肪的光澤與品質」四大項目得出的評價。如果想要在控制脂肪含量的情況下享受牛肉的鮮甜滋味，那麼就可以選擇「A3」等級。只要能像這樣做出合宜判斷，就能稱為獨當一面的肉品達人了。

精肉等級

肉質等級

屠體經專業檢察官的嚴格評級判定後，會蓋上符合該級別的戳章再進行競標拍賣。

等級	精肉基準數值	精肉
A	72以上	部分精肉比標準值更佳
B	69以上72未滿	部分精肉為標準值
C	未滿69	部分精肉比標準值差

精肉等級以三等級評定。等級低的肉偏瘦且含有油花分布的可能性較低，不太有機會被評定為高級牛肉。但也須記住並不是所有高級牛肉都含有豐富的油花分布。

精肉等級	肉質等級				
	5	4	3	2	1
A	A5	A4	A3	A2	A1
B	B5	B4	B3	B2	B1
C	C5	C4	C3	C2	C1

例舉：
脂肪交雜 ·········· 5
肉品色澤 ·········· 5
肉品緊實度與筋的粗細 ·· 4
脂肪的光澤與品質 ·· 5
⇩
最終肉質等級為「4」。

肉質等級是計算「肩胛肋眼心」、「腹部的厚度」、「皮下脂肪厚度」、「半個屠體的重量」四項數值，以五個階級呈現其總和判定結果。實際等級會如上記，將精肉等級與肉質等級合併起來以十五個等級呈現。

**飲食安全神話逐漸崩壞的現今時代，
不可或缺的「牛隻追蹤制度」**

偽造食品與狂牛症（牛腦海綿狀病變，簡稱BSE）的發生令人們強化了因應牛肉相關環境各種問題的應對進退。理解如何維護食品安全變成了今後時代所須具備的技能。

而談及國家實際上正在進行的具體措施，「牛隻追蹤制度」便是其中尤為重要的一項。在每一頭牛的身上別上識別號碼，就能追蹤到牛隻飼育至陳列於店鋪販售期間所餵養的飼料品項與生產者等資料。牛隻追蹤制度作為食品風險管理系統化的工具，其重要性無庸置疑將日益漸加。

個體識別號碼

日本國內飼育的所有牛隻都會在雙耳釘上以十位數標示個體識別號碼的「耳標」。

陳列在零售店販售的牛肉，有義務在包裝上頭貼上印有個體識別號碼的標籤。

日本對狂牛症有何對策？

日本在2001年確認有牛隻感染狂牛症之後，就開始採取在食肉處理機關進行去除特定危險部位、篩選檢查、飼料規制等措施。其中尤其重視的便是飼料規制。為了排除被視為是狂牛症傳染因子的「變性蛋白質（Prion）」，全面禁止使用以及從海外進口用牛製成的肉骨粉。如今狂牛症的風險已大幅降低，而日本的對策也在國際中受到高度評價。

參考資料／公益社團法人　日本食肉協議會《食肉的知識》

牛—精肉

　為牛肉進行食用肉處理，將去除內臟、四肢、頭及尾部的狀態稱為「屠體」，而以此進一步取出的肉則稱為「精肉」。屠體會根據日本農林水產省承認的「牛肉部分部位交易規格」的基準進行分割處理，繼而再進一步細分。本書將根據各分割單位的肉質特性，進行各部位解說。

牛肉部位圖（精肉）

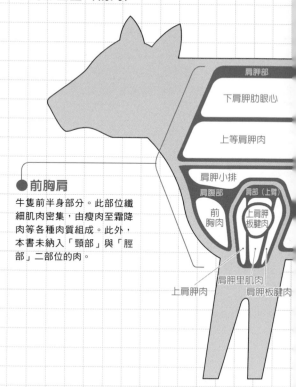

肩胛部

下肩胛肋眼心

上等肩胛肉

肩胛小排

肩腹部　　　肩部（上臂）

前胸肉　　　上肩胛板腱肉

肩胛里肌肉

上肩胛肉　　　肩胛板腱肉

● **前胸肩**

牛隻前半身部分。此部位纖細肌肉密集，由瘦肉至霜降肉等各種肉質組成。此外，本書未納入「頸部」與「脛部」二部位的肉。

四大區塊與十三部分的肉

屠體首先可大致分為四大部位——「前胸肩」、「腰脊」、「胸腹」、「後腰臀」（大區塊）。從中再分割為十三個（部位肉），若再繼續細部分切就是陳列在精肉店或烤肉店裡販售的肉品。以下便是其大致分割示意圖。

●**腰脊**

牛背部、肩胛骨下方一帶到腰部的部分。可取得柔嫩且適合做成牛排的肉塊。一般而言是牛肉受歡迎部位最集中的區塊。

●**後腰臀**

牛的後半身部分。雖是以脂肪含量較少而肉質略硬的肉為主，但近來由於瘦肉變得受歡迎而突然成為備受矚目的部位。此外，本書並未介紹「脛肉」部位。

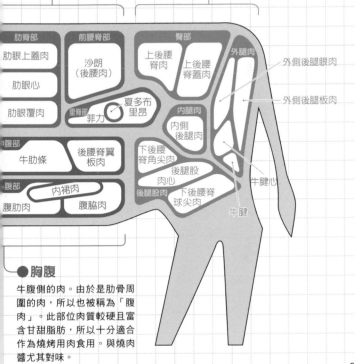

肋脊部
　肋眼上蓋肉
　肋眼心
　肋眼覆肉

前腰脊部
　沙朗（後腰肉）
　里脊部　菲力
　夏多布里昂

臀部
　上後腰脊肉
　上後腰脊蓋肉

外腿肉
　外側後腿眼肉
　外側後腿板肉

內腿肉
　內側後腿肉

胸部
　牛肋條
　後腰脊翼板肉

下後腰脊角尖肉
　後腿股肉心
後腿股肉　下後腰脊球尖肉

牛腱心
牛腱

腹部
　內裙肉
腹肋肉　腹脇肉

●**胸腹**

牛腹側的肉。由於是肋骨周圍的肉，所以也被稱為「腹肉」。此部位肉質較硬且富含甘甜脂肪，所以十分適合作為燒烤用肉食用。與燒肉醬尤其對味。

29

牛—前胸肩

肩胛部

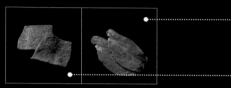

上等肩胛肉　　　下肩胛肋眼心

肩部（上臂）

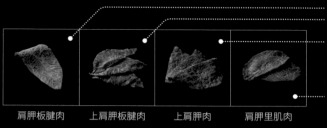

肩胛板腱肉　　上肩胛板腱肉　　上肩胛肉　　　肩胛里肌肉

肩腹部

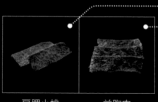

肩胛小排　　　前胸肉

由細緻肌肉交織組成的「稀有部位珍寶盒」

　　「前胸肩」指的是牛的前半身部位，可大致
區分為「頸部」、「肩胛部」、「肩部（上
臂）」、「肩腹部」、「脛部」等五大部位
（烤肉較少用到頸部與脛部肉，故而於本書中
省略）。

　　此部分因纖細肌肉交錯，是個對料理人來說
較難處理的部位，但另一方面也是稀有部位集

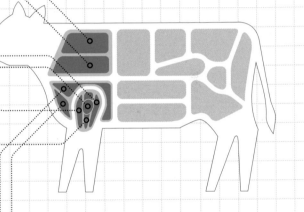

結的寶庫。從「上等肩胛肉」（P.32）、「肩
胛小排」（P.44）這種富含油花的肉，到「肩
胛里肌肉」（P.42）、「前胸肉」（P.46）這
類能享受瘦肉甘醇的肉都有，是個肉質豐富多
樣的部位。只要把「前胸肩」的肉嚐過一遍，
你一定能從中找到最喜歡的部位。

美麗油花與鮮甜肉質高水準並存
上等肩胛肉

日文 ザブトン
英文 Chuck Flap

燒烤
指南

推薦將有著和牛甘甜與細緻香氣、
濃醇鮮甜的上級肩肉切成7～8mm，
再雙面以大火炙烤十秒左右。

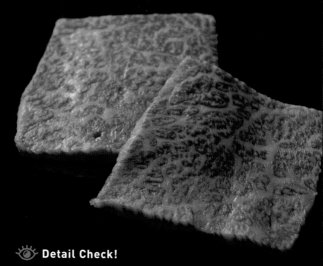

👁 Detail Check!

油花細緻均勻分布於整體，正是最高級
上等肩胛肉的佐證。

⭐ DATA		
稀有度 ★★★☆☆	價格 ★★★★☆
含脂量 ★★★★★	硬度 ★★☆☆☆

特徵
▶ 為肩胛部的下部，接近肋骨的部分
▶ 含有細密而分布均勻的霜降油花
▶ 油脂的甘甜與牛肉的鮮甜並存

肩胛部位於牛背一側接近牛頸的部位。其中「下肩胛肋眼心」（P.34）下側，接近肋骨位置的部位便是上等肩胛肉。日本以平易近人的「ザブトン」（坐墊）稱呼，是因為此部位切出來的外型狀似四角形

其絕品美味的好滋味絲毫不輸給它稱得上是藝術品般美麗且細緻油花均勻分布的外表。如和牛般甘甜的油脂與細緻香氣、濃醇的鮮甜美味皆凝縮於其中。口感比其他肩胛部位更彈牙，吃起來更有大口吃肉的滿足感，不乏為一大優點。

如果想以燒烤的方式品嚐上等肩胛肉，最適合採取薄切。可以沾取鹽巴或芥末醬油品嚐，或者搭配沾醬這種相當不錯的萬用調味料。

切法也會隨地域不同而改變。關東與關西的切法。

你在關西吃到的肩胛肉，到了關東可能端上桌的就成了肋脊肉！？雖然提到這個話題有些突兀，但接下來就讓我們就此大致說明一下。

事實上，日本關東與關西地區對於屠體的分割規範存在著不少差異。關東地區在分切「前胸肩」的時候，會在十三根肋骨中的第五根與第六根肋骨之間下刀，而與之相對的，關西地區則是在第六根與第七根肋骨之間下刀。這種切法會把涵蓋於「前胸肩」的肩胛部跟「腰脊」一側的肋脊部分隔開來，因而致使第六根肋骨一帶的肉在關東被視為肋脊肉，在關西則成了不同的部位，被當成肩胛肉對待。

如果從另一個角度來看這件事，那便是關東的肩胛部位較小，而肋脊部位相對會大上一些。在壽喜燒與涮涮鍋店這類供應肋脊肉的高級餐廳較多的關東地區，不免會設法採用將肋脊部位切得較大一點的分切規範……雖然我們也可以做出這樣的猜測，但實際情況究竟又是如何的呢！？

牛 前胸肩 ＞ 肩胛部 ＞ 下肩胛肋眼心

牛 前胸肩

肩胛部

牛 腰脊

牛 胸腹

牛 後腰臀

牛 內臟

豬 肉

雞 肉

肉質接近肋眼的霜降肉
下肩胛肋眼心

日文 肩芯
英文 Chuck Eye Log

燒烤指南
建議切成3～4mm稍薄的厚度，
用甘甜醬汁（壽喜燒）快速涮煮享用。

👁 **Detail Check!**

特徵在於肉質如里肌肉般肌理細緻，卻可
在不大的切面裡看得到數條肉筋。

★ **DATA**

稀有度	★★☆☆☆	價 格 ★★★☆☆
含脂量	★★★★☆	硬 度 ★★★☆☆

▶ 位於肩胛部上半部與肋眼相連的肉
▶ 含有嫩滑肉質與適度的油花分布
▶ 價格比肉質相近的肋脊部更合理

位於「上等肩胛肉」（P.32）上方部位的肉。里肌肉這個名稱可泛指整個牛背中側的肉，但其中以此部位的肉最接近頸部。此處至臀部方向依序與「肋眼」、「沙朗」（P.56）以及「上後腰脊肉」（P.76）等高人氣部位相連。

具有里肌部位才有的油花分布適宜肉質，可充分享用到和牛感十足的多汁美味。雖帶了些許筋的咬勁，但仍保有接近肋脊肉的嫩滑口感。其價格比肋眼或莎朗更實惠，這也是能開心品嚐的優點所在。此部位不但適合用於燒烤，也很適合壽喜燒與涮涮鍋等料理。

Beef Column
0002

燒肉菜單上的「里肌肉」是指哪個部位呢？

「里肌肉」雖與牛五花肉並列為燒肉店的人氣菜單，但它究竟指的是哪個部位呢？其實以往對其定義就很含糊不清，所以能釐清的人並不多。希望大家能趁此機會掌握一定認知。

在精肉的領域中，里肌肉原本指的是「肩胛部」、「肋脊部」、「前腰脊部」各部位。但另一方面，燒肉店也習慣將吃起來相較於富含脂肪的牛五花肉，風味更顯清爽且能享用到瘦肉美味的肉以「里肌肉」作為商品名稱。因此除了前述的各部位里肌肉之外，有時也會用以稱呼上後腰脊肉與外腿肉等後腰臀肉等部位。

不過，日本消費者廳為了不讓顧客因此產生誤解，於2010年對燒肉業做出了部分指導，推行如今的菜單名稱變更，鼓勵業者如「腿里肌肉」這般寫明肉品部位，或是在後面標註著「本料理使用『大腿肉』」的注意事項。大家下次光顧燒肉店的時候，不妨好好研究一下菜單內容！

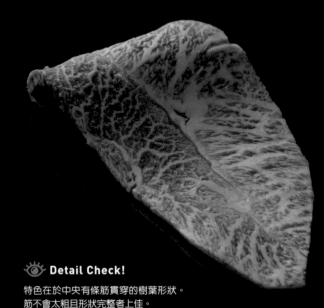

牛
前
胸
肩

肩
部
（
上
臂
）

牛
腰
脊

牛
胸
腹

牛
後
腰
臀

牛
內
臟

豬
肉

雞
肉

👁 **Detail Check!**

特色在於中央有條筋貫穿的樹葉形狀。
筋不會太粗且形狀完整者上佳。

肌肉纖維細緻且風味清爽的上等油花

肩胛板腱肉

日文 ミスジ
英文 Top Blade (Flat Iron)

燒烤
指南

將風味醇郁而彈牙的肩胛板腱肉，
切成7～8mm的厚度，
用大火炙烤後撒上鹽巴。

★ DATA	稀有度	★★★☆☆	價格	★★★★☆
	含脂量	★★★★☆	硬度	★★☆☆☆

特徵
▶ 位於肩胛骨內側的部分
▶ 狀似樹葉且正中央有條筋
▶ 一頭牛只能取得5kg左右的稀有部位

　　位於肩胛骨內側，屬於肩部（上臂）的一部分。切面呈略長的橢圓形，如樹葉般有條筋貫穿正中央。說起來，其表面分布的油花看起來也十分形似葉脈。越是外觀完整漂亮形似樹葉就是品質越佳的肩胛板腱肉。

　　其風味與富含油花的外表相反，味道十分清爽，反而能完整品嚐到瘦肉的醇郁。由於肉質柔嫩且肌理非常細緻，只要稍微炙烤一下放入口中，就能品嚐到十分順滑的口感。不過因為中間有條筋，所以較適合切成薄片。一頭牛只能取得5kg左右的量也使其成為相當受歡迎的稀有部位。

Beef Column
0003　　牛肉也有「產季」嗎？

　　春季的竹筍、秋季的秋刀魚……。日本人是一個十分喜歡在餐桌上享用當季食材並感受季節變化的民族。那麼在此便要發問了。牛肉究竟是否也有「產季」呢？

　　一年到頭都能吃到的牛肉貌似沒有產季，但實際上其最好吃的時期是在冬季。理由很簡單。夏季之際，牛會因為暑熱而食慾減退，身體也因而瘦上幾分。相對的，冬季則會為了抵禦嚴寒而大量進食讓身體囤積脂肪。因此，冬季上市的牛肉會含有較多脂肪，顯得更為鮮美可口。

　　不過一般提到燒肉就會想到夏天，這樣的印象應該很強烈吧！這是因為美食雜誌或生活資訊節目等大眾傳媒都會推出「夏天到來！補充精力！」的燒肉特輯，進而連帶著人聯想到十分對味的啤酒跟威士忌蘇打（Highball）。在這層意義下，最適合享用燒肉這類食物的季節或許就是夏季也說不定。但不論如何，對一個喜歡吃燒肉的人來說，在身體渴求「今天就是要吃燒肉！」的當下就是最好的享用時機，這才是最佳解答不是嗎？

牛
前
胸
肩

肩
部
（
上
臂
）

牛
腰
脊

牛
胸
腹

牛
後
腰
臀

牛
內
臟

豬
肉

雞
肉

一頭牛僅能取得少許的稀有瘦肉

上肩胛板腱肉

日文 ウワミスジ　　英文 Portion of Shoulder Clod

 燒烤指南

由於瘦肉風味濃郁，建議切成6～7mm，
再雙面以大火快速炙烤一下，
沾取芥末醬油。

👁 Detail Check!

外型如同將肩胛板腱肉對半切。
整體肉質細緻且有細密油花遍布於其中。

★ DATA	稀有度	★★★★☆	價格	★★★☆☆
	含脂量		硬度	★★☆☆☆

特徵
▶ 位於「肩胛板腱肉」（P.36）上方的肉
▶ 瘦肉較多但肉質非常軟嫩
▶ 一頭牛僅能取得約莫1kg的稀有部位

　　上肩胛板腱肉恰如其名，正是位於「肩胛板腱肉」（P.36）上方的部位。外型也十分相似，猶如肩胛板腱肉縱向對半切後的形狀。雖瘦肉多且油花比肩胛板腱肉還少，但肉質十分柔嫩，在瘦肉廣受歡迎的現今社會反而更為受到推舉。

　　由於肉質肌理細緻又細嫩，故而嚴禁把肉烤過頭。只需快速炙烤以後送入口中，就能品嚐到富含層次的風味與軟嫩口感。

　　上肩胛板腱肉的餘味十分清爽，感覺不管來多少都能吃下肚，但實際上卻是一頭牛只能取得約莫1kg的非常稀有部位。所以希望大家在享用之際可以慢下來細細品味箇中好滋味。

Beef Column 0004

要想引出肉的極致美味，比起炭火更應用瓦斯烹調！

　　有不少人會講究「烤肉就是要用炭火來烤」，而實際上燒烤店也會高舉「炭火燒烤」或「使用備長炭」的標語作為招牌來宣傳炭火燒烤的魅力。但若是按肉品專家的話來說，要想追求肉品本身的極致美味，用瓦斯爐火來烤會比炭火來得要好。

　　炭火燒烤具有諸多魅力，其中主要的優點便是可透過遠紅外線將肉烤得軟嫩、利用煙燻效果來為烤肉增添香氣。但也可以反過來說正是這些效果掩蓋住了肉本身的風味。

　　要想享用肉品本身所具有的香氣與鮮甜，以及包含肉質軟硬度在內的口感差異等細節，使用瓦斯爐火來炙烤會更容易辨別出來。如上肩胛板腱肉這種肉質細緻的部位或許更應該要用這種方法燒烤。

　　覺得炭火比瓦斯更好的饕客，下次不妨可以試到使用瓦斯烤爐的燒肉店體驗一下不同的味道。即便是相同部位也能發掘出不同的魅力也說不定。

牛　前胸肩＞肩部（上臂）＞上肩胛肉

牛
前
胸
肩

肩
部
（
上
臂
）

牛
腰
脊

牛
胸
腹

牛
後
腰
臀

牛
內
臟

豬
肉

雞
肉

瘦肉與細密油花之間存在絕佳平衡

上肩胛肉

日文 肩サンカク/クリ
英文 Shoulder Clod

燒烤指南

油花細緻且能嚐出鮮甜美味的部位。
切成6～7mm，
再雙面以大火快速炙烤後沾取燒肉醬。

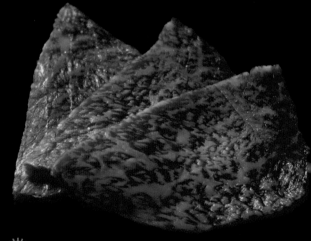

👁️ **Detail Check!**

上等肉質的鮮紅色澤與細密油花
之間所形成的對比十分美麗。

★ DATA	稀有度	★★☆☆☆	價格	★★★☆☆
	含脂量	★★☆☆☆	硬度	★★★☆☆

40

特徵
- ▶ 自肩膀至前腳上方的三角形部位
- ▶ 瘦肉較多，但上等肉會有細緻油花分布
- ▶ 「クリ」（栗子）別稱源於其外觀

　　自肩膀至前腳上方的部位。因為外型呈稍顯圓潤的三角形，所以也被人稱為肩三角肉或栗子肉。

　　此部位的肉質肌理非常細緻，若為上等肉則整體會有細密的油花（肉品業界稱為「コザシ＝細緻霜降」）遍布於其中。瘦肉的色澤十分鮮艷，濃豔紅色與白色油花相映呈現漂亮對比。

　　吃起來出乎意料地相當具有嚼勁，但味道十分清爽。不會感受到過於強烈的瘦肉特有腥味，也不會嚐到過多的甘甜脂肪，其恰到好處的風味與清爽的餘味令人享用起來倍感心情愉悅。雖然味道不甚突出，但各項表現都十分均衡，算得上是老饕會喜歡的部位。除了燒烤之外，也很適合用於牛排或壽喜燒。

Beef Column 0005

「和牛」與「國產牛」之間有何不同？

　　關於平時不曾過多留意的「和牛」與「國產牛」標示，你可知道二者之間有何差異？

　　「和牛」代表牛隻品種，其中最為有名的是和牛便是「黑毛和種」與「褐毛和種」、「日本短角種」、「無角和種」，以及這四品種相互交配誕生的牛隻。另一方面，「國產牛」如字面上意義，指的是在日本國內飼育出來的牛隻，並不區分牛的品種，換句話說就是一種單純的產地標示。

　　那麼，是否也有「外國產的和牛」呢？其實在日本農林水產省指導方針中，出生並飼養於日本國內皆是標示成「和牛」的所需條件，所以日本國內流通的和牛皆為「國產」。然而在海外，產自澳洲或美國等地的「外國產和牛」卻不罕見。但這些和牛有的是與國外品種交配而得，有的則是飼育方法與日本大相逕庭。日本尚有待統整世界的和牛標示，以期守住日本足以向世界誇耀的「和牛」品牌。

牛 前胸肩

肩部（上臂）

牛 腰脊

牛 胸腹

牛 後腰臀

牛 內臟

豬 肉

雞 肉

猶如濃縮了瘦肉美味的好滋味

肩胛里肌肉
（黃瓜條）

日文 トウガラシ
英文 Chuck Tender

燒烤
指南

純正瘦肉。切成略厚的8～9mm，
再雙面以中火慢慢加熱。
推薦搭配芥末醬油。

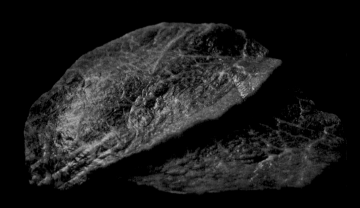

👁 Detail Check!

肌理細緻柔嫩的瘦肉。
幾乎沒有脂肪分布於其中。

★ DATA

稀有度	★★★★★	價格	★★☆☆☆
含脂量	★★☆☆☆	硬度	★★★☆☆

特徵
▶ 位於「肩胛板腱」（P.36）旁邊，形如辣椒的肉
▶ 瘦肉比重大，肉質近似大腿肉
▶ 適合做成烤牛肉或半敲燒料理

　　為肩部（上臂）的一部分，接近肩胛骨，位於「肩胛板腱」（P.36）旁邊的部位。日文名稱（トウガラシ）源自於此部位外型酷似辣椒。

　　從外觀上就可以清楚看到肩胛里肌肉上幾乎沒有油花，有著能深刻品嚐到瘦肉醇郁風味的好滋味。肉質雖稱不上肌理細緻，但也不至於口感太硬，有著越是咀嚼越能嚐到於口中擴散開來的淡淡甜味。明明是上臂部位，卻有著如大腿肉般的風味，真可謂是個絕對能令喜歡牛瘦肉的人欲罷不能的部位。

　　一般來說，比起燒烤，更適合用來製作烤牛肉或半敲燒（僅炙燒表面後切片沾佐醬食用的生牛肉料理）。由於肩胛里肌肉是稀有部位，如果有遇到請不妨先點來嘗試一下。

Beef Column
0006　　**實際上眾說紛紜!? 品牌牛的定義為何？**

　　當一間燒肉店給出諸如「本店使用○○牛」的品質標榜，無疑會讓人產生一種應該很好吃的感覺。目前日本據說有多達一百五十種以上的品牌牛，但你是否知道關於這些品牌牛的定義，無論是項目還是基準都是眾說紛紜的嗎？

　　以品種為例，有的是限定「黑毛和種」，有的則是侷限於「和牛或F1（和牛與荷蘭乳牛的雜交種）」。如果選用的是黑毛和種，有的店家連牛的血統與性別都會指定。

　　此外，有些品牌牛還會規定要滿足「出生後○個月以上」的飼育時間，或者要在指定的特定狹隘地域內飼育。另一方面，也有沒特別提及飼育時間，或僅指定位於「○○縣內」大範圍地域的狀況存在。

　　等級方面（參考P.26）也是一樣各有規範，有單純僅以肉質等級為基準的品牌牛，也有綜合肉質・精肉等級進行判定的種類。大家最好要有個認知，雖說同為品牌牛，但也會因個體而產生品質差異。

43

牛 前胸肩 ＞ 肩腹部 ＞ 肩胛小排

牛胸腹

牛後腰臀

牛內臟

豬肉

雞肉

肩腹部

也能作為特級五花肉使用的最高級腹肉

肩胛小排

日文 サンカクバラ
英文 Chuck Rib

燒烤指南

特級五花肉。看上去十分豪奢的高級部位，
可切成略厚的9～10mm，
裹上醬汁以大火快速炙烤一下。

👁 **Detail Check!**

顯而易見的網狀油花，強勢布
滿整個肉面。

🐮 DATA	稀有度	★★★☆☆	價格	★★★☆☆
	含脂量	★★★☆☆	硬度	★★☆☆☆

特徵

▶ 位於肋骨上端約莫三分之一周圍的肉
▶ 油花清晰可見的軟嫩肉質
▶ 也有不少店家作為「上等‧特級五花肉」供應

　　屬於肩腹部的一部分。腹部為肋骨周邊所有肉的總稱，而其中大約位於身體前方三分之一處，說得更詳細一點就是第一至第六根肋骨周圍的肉就稱為肩胛小排。如其日文名稱（サンカクバラ＝三角腹）一般，是個形如大三角形的部位。

　　此部位的特色在於整體遍布清晰可見的網狀油花，是個無論外觀與味道都很是豪奢的高級部位。仔細炙烤出烤痕後享用，一股油脂的甘甜香氣便彌漫鼻腔之間，緊接著迸流而出的豐沛肉汁立即盈滿口中。腹肉才有的適度嚼勁亦使其給人帶來高度的滿足感。不少燒肉店會將其冠上五花肉，或者是上等、特級等名稱來做供應。

Beef Column
0007

燒烤菜單上的「牛五花肉」是哪個部位呢？

　　提及燒肉店中地位最難以撼動的人氣菜品，理應非牛五花肉莫屬了。然而本書卻未曾提到「牛五花肉」這個部位。那麼，牛五花肉究竟是哪處的肉呢？

　　日文名稱「カルビ」在韓文裡原意指為「肋骨」。因此一般燒肉店多用來指稱肋骨周邊的「肩胛小排」，以及包含胸腹肉在內的「腹肋肉」（P.64）與「腹脇肉」（P.66）的肉。然而燒肉店不知何時開始有了「カルビ＝富含脂肪的肉」的共同認知，因此只要符合這

項前提的肉，不論部位便都以牛五花肉的名義提供的情形也並不罕見。有些店家甚至會將部分大腿肉或肋脊肉也當作牛五花肉供應。

　　順帶一提，牛五花肉不同於里肌肉（P.35）的標示問題，日本的肉品業界並不採用這個稱呼，因而也就沒有進行應避免產品標示不實的相關指導。這也就是說，我們應將「牛五花肉」理解為一項菜品名稱而非部位名稱。

肩腹部

肉質雖硬但能品嚐到頗具深度的風味

前胸肉

日文 ブリスケ
英文 Brisket

光看外觀就知道很有嚼勁的前胸肉，
推薦切成3～4mm，
再雙面以大火快速炙烤後沾取柑橘醋。

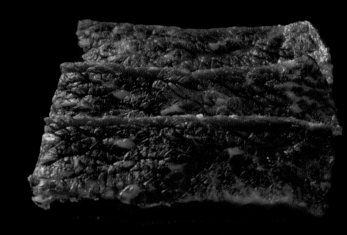

👁 Detail Check!

肉質看上去著實很有嚼勁。
肉中幾乎不含油花。

★ DATA	稀有度	★★★★☆	價格	★★★★☆
	含脂量	★★★★☆	硬度	★★☆☆☆

特徵
▶ 位於兩隻前腳之間的部位
▶ 肉質較硬，帶有塊狀脂肪
▶ 在廣島等地以「コウネ」之名廣受歡迎

　　剛好位於牛隻兩隻前腳之間，「肩胛小排」（P.44）下側的部位。肉質較硬，幾乎沒有油花分布於其中。但其濃縮的瘦肉風味十分具有深度，是一種越嚼越能嚐出鮮甜美味的肉。

　　前胸肉大多用於奶油燉菜等料理，在燒肉店中較不常見。不過在廣島等地區倒是會以「コウネ」這個名稱出現在燒肉店的菜單上面。基本會採取連同外側塊狀脂肪一起切成薄片的形式做供應。此外，韓國料理店中所供應的「차돌박이」〔chadolbagi〕就是這種前胸肉，同樣採取切成薄片的方式。如果有看到這道肉，請不妨點來嘗試看看吧！

Beef Column 0008　一切就知曉，冷凍肉的分辨方法

　　對愛好美食的老饕來說，肉品不經冷凍保存似乎更為美味。據說其理由在於肉品本身的肉香與鮮味會因而流失，也會失去該有的彈性。那麼，一般消費者是否有辦法辨別出是否為冷凍過的肉呢？

　　最簡單的辨別方法就是肉片的厚薄程度。未經冷凍過的肉很難手工切成薄片，因而想切出2mm以下的薄度，肯定要先將肉品拿去冷凍。較為常見的就是切成薄片狀的「牛舌尖肉」（P.100）。而前胸肉也是較硬的肉，所以它也是個絕大多

數情況下會切成極薄肉片的部位。

　　不過近年來由於急速冷凍等技術格外有所提昇，只要確實做到不保存過長時間、以低溫進行解凍等步驟，就能將肉品的劣化情況降低到最小限度。而且壽喜燒與涮涮鍋店也會供應薄切肉片，肉品的味道也不可能會有什麼問題。輕易地做出「冷凍＝味道差」這樣的結論未免有些過於草率。請大家不妨把這記下來充當一項參考準則吧！

牛—腰脊

肋脊部

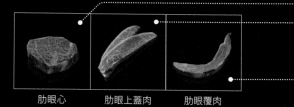

肋眼心　　　肋眼上蓋肉　　　肋眼覆肉

前腰脊部

沙朗

里脊部

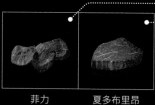

菲力　　　　夏多布里昂

因牛排等料理而熟知的「牛肉王道」

「腰脊肉」是牛背至腰脊之間的部位，由「肋脊部」、「前腰脊部」、「里脊部」所構成。

它們一般被視為是最有價值、會以高價進行交易的部位。不但是牛排餐館裡必不可少的品項，也是壽喜燒或涮涮鍋店也時常能看到的肉，所以應該有不少人都相當耳熟能詳。

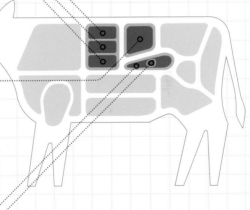

僅憑上述就能看出這些部位的味道是相當有保證的。唯有這些部位能享受到和牛才有的甘甜脂肪與嫩滑口感，以及軟嫩嚼勁。正是符合王道之名的上佳美味。近年不僅是高級餐廳，就連供應這些部位肉品的燒肉店也多了起來，因而雖說是高級部位，但也多少能讓人以輕鬆的心態嘗試一下了吧！

漂亮的霜降油花與嫩滑到入口即化的口感

肋眼心

日文 リブロース芯
英文 Rib Eye Roll

燒烤
指南

屬牛排用肉，具有入口即化的口感。令人想有些奢侈地切成15～17mm，以中火慢慢加熱，撒上鹽巴或沾取芥末醬油來享用。

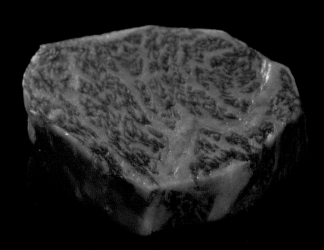

👁 Detail Check!

為肋脊部的中心區塊，整塊肉的剖面呈圓形。
具有漂亮的油花與里肌肉般肌理細緻的肉質。

★ DATA	稀有度	★★★★☆	價格	★★★☆☆
	含脂量	★★★★☆	硬度	★★★☆☆

牛前胸肩

牛腰脊　肋脊部

牛胸腹

牛後腰臀

牛內臟

豬肉

雞肉

50

特徵
▶ 位於肋脊部中心部位的肉
▶ 肌理細緻的上等肉質
▶ 只能於此部位取得的奢侈肉品

位於肋脊部中心的部分。一般情況多半不會再將「肋眼覆肉」（P.54）及「肋眼上蓋肉」（P.52）分切下來供應。這是因為肉分切得越細，就得把其中的筋與脂肪也去除，不僅費工，也會令可食部分的產量跟著下降。基於這層考量，才會說肋眼心是個非常奢侈的部位。

這樣的肉，無論是肌理的細緻度、成色的好壞、油花分布的狀況都十分可圈可點。吃起來肉質軟嫩，有著入口即化般的口感，能充分品嚐到和牛才有的甘甜油脂。完全就是濃縮了肋眼肉精華的部位。無論是用於燒烤、牛排、壽喜燒，都能讓人從中品味到無可挑剔的感動。

推薦！當地沾醬精選①

 青森 縣內無人不曉
傳聞中的絕品沾醬

スタミナ源たれ

將蘋果、大蒜等生鮮蔬果泥添加至自家公司釀造的醬油之中，實現了順口且層次豐富的風味。充分沾取燒肉醬送入口中，一股蒜香伴隨著清淡的薑味便隨之沁入鼻腔，讓人被大飽口福的幸福感所包圍。是一款亦可活用於拌炒蔬菜等各式料理之中的萬用沾醬。

スタミナ源たれ
（精力源燒肉醬）
410g　450日圓
上北農產加工株式会社
洽詢0176-23-3138
https://knktare.com/

 東京 在家就能隨時嚐到
人氣燒烤專店的好味道

叙々苑 焼肉のたれ〈特製〉

以事先調味用的「醃肉醬」與烤好以後沾取的「沾醬」調和而成。既可以用來抓醃肉品，亦可用來沾取烤肉。具有能帶出烤肉鮮甜美味的適度甜味，無論在店內或家中都能隨時享用。燒肉醬還有甜鹹與鹽味沾醬，也很推薦備齊各口味沾醬一同試吃比較。

叙々苑 焼肉のたれ〈特製〉
（叙叙苑燒肉醬）
240g　600日圓
株式会社JOJ
☎0120-66-2989
（平日10:00~18:00）
http://store.shopping.
yahoo.co.jp/joj/

牛
前
胸
肩

牛
腰
脊

牛
胸
腹

牛
後
腰
臀

牛
內
臟

豬
肉

雞
肉

肋脊部

肋脊肉中油花特別美的部位

肋眼上蓋肉

日文 リブカブリ
英文 Lifter Meat

燒烤指南

風味濃郁而甘甜。切成9～10mm，
以大火仔細炙烤後沾取芥末醬油或柑橘醋。

👁 **Detail Check!**

特色在於形狀扁平。油花偏多的情況下，
整體會呈現出霜降般雪白。

★ DATA	稀有度	★★★★☆	價格	★★★☆☆
	含脂量	★★★★☆	硬度	★★☆☆☆

▶ 位於「肋眼心」（P.50）上方的肉
▶ 油花豐富而肥膩，風味濃郁
▶ 有時會與肋眼心一起，不另外分割下來供應

　　為肋脊部的一部分，是個位置狀似覆蓋住「肋眼心」（P.50）的肉。形狀扁平而單薄。一般情況來說不會單獨分割出來供應，而是與肋眼心或「肋眼覆肉」（P.54）一同切下來作為「肋眼肉」供應。

　　在腰脊部位中亦是個油花特別密實的部位，若是A5等級和牛，從遠處看上去幾乎只看得上白色油花。風味醇厚而濃郁，有著相當強烈的甜味，是個吃起來十分具有衝擊感的部位。根據脂肪品質的不同，可能會感覺有些油膩。若切成厚片狀提供，仔細炙烤以適度逼出油脂，再搭配芥末醬油或柑橘醋的清爽吃法會是較佳的品嚐方式。

Beef Column 0009　夏季是腹肉、冬季是里肌肉售價高 !? 關於牛肉的行情

　　牛肉一年四季都能穩定供應，屠體的價格也全年沒有太大的波動。然而一些部位，卻會出現因季節不同而有行情變化的有趣現象。具體來說就是夏季腹肉、冬季里肌肉的售價會變高。

　　其價格變化的理由在於市場需求。夏季之際，烤肉被當作體力餐而廣受歡迎，主要作為五花肉用於燒烤食材供應的部位「胸腹肉」需求也隨之攀升。另一方面，冬季則是令人心繫壽喜燒與涮涮鍋等料理的季節。此外，冬季還有年末年初的年節禮品需求，因而常用於這些場合，以肋眼肉為首的「肋脊肉」售價便也隨之高漲。

　　不過，因為屠體整體的價格沒有什麼變化，所以相對來看，夏天的里肌肉、冬天的腹肉就會顯得比較合理。雖然具有季節感的肉料理相當不錯，但逆向操作以實惠價格採購美味的牛肉也是一種聰明的做法。那麼，你選好今天要吃燒烤還是壽喜燒了嗎？

牛
前胸肩

牛
腰脊

肋脊部

牛
胸腹

牛
後腰臀

牛
內臟

豬
肉

雞
肉

肌肉纖維似要化開的口感與濃郁的鮮甜滋味

肋眼覆肉

日文 マキ
英文 Portion of Rib Eye Roll

燒烤指南

將最大魅力在於柔嫩口感的這個部位切成
12～14mm，烤好以後撒上松露鹽
或沾取松露醬油都很對味。

👁 Detail Check!

特色在於外觀呈現將肋眼心包
裹於其中的「ㄟ」字形狀。

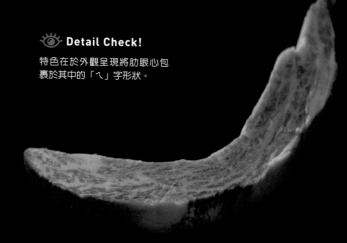

🐂 DATA	稀 有 度	★★★★☆	價　格	★★★☆☆
	含 脂 量	★★★★☆	硬　度	★★☆☆☆

特徵
▶ 位於「肋眼心」（P.50）旁，呈「ㄟ」字形狀的肉
▶ 肉質軟嫩且有著風味濃郁油花的鮮甜
▶ 通常與肋眼心一起，不另外分割下來供應

　　為肋眼肉的一部分，位於「肋眼心」（P.50）旁邊的肉。由於形狀恰似要將肋眼心捲包起來的「ㄟ」或「ㄑ」字形，因而日文名稱為「マキ」（纏、捲之意）。此部位也常被視為肋眼肉，跟肋眼心與「肋眼上蓋肉」（P.52）一起分切下來供應。單獨只吃肋眼覆肉稱得上是相當奢侈的吃法。

　　此部位與肋眼上蓋肉一樣風味濃郁，富含油花又多汁。不過相較之下肌理稍粗，咀嚼起來能感受到肌肉纖維似要融化般的有趣口感。這種肉質口感與多層次的鮮美滋味，同樣都是肋眼覆肉的魅力之一。

Beef Column
0010
不僅有美肌效果，還有減重效果 !? 牛肉的效用

　　雖然有不少人對牛肉抱持著吃了好像會發胖之類的負面印象，但牛肉其實是個含有許多豐富營養素的優質健康食品。代表性的成分是含有建構人體所必需的胺基酸、防止貧血的鐵質，以及預防皮膚老化的維生素B₂與增強免疫力的維生素B₆等營養素。

　　除此之外，牛肉所富含的硬脂酸據說具有可增加能預防動脈硬化的高密度脂蛋白膽固醇的效用。甚至還含有可促進脂肪燃燒作用，多添加於營養輔助食品的肉鹼成分。吃

肉來減重或預防動脈硬化聽上去有些令人難以置信，但也絕非只是紙上空談。

　　此外，牛肉還有個近來備受曯目的「花生四烯酸」成分。這種成分會生成帶來滿足感與幸福感的腦內物質「花生四烯酸乙醇胺」。因此吃牛肉會感到幸福一事在科學上也是有理可據的。

　　當然不管是什麼食物都禁止過度食用。定期食用適量牛肉讓身體與心理都變得健康起來吧！

牛肉界的王者，無可動搖的第四棒打者

沙朗（後腰肉）

日文	サーロイン
英文	Striploin

燒烤指南

紀念日享用的經典品項。
切成20㎜，雙面仔細炙烤成三分熟。
製作特製醬汁一同享用也很不錯。

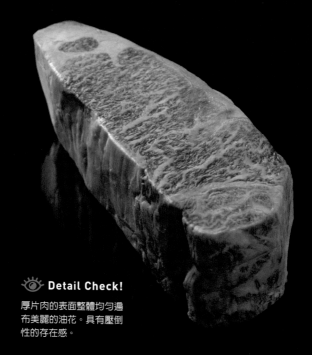

👁 **Detail Check!**

厚片肉的表面整體均勻遍
布美麗的油花。具有壓倒
性的存在感。

★ DATA	稀 有 度	★ ★ ☆ ☆ ☆	價 格	★ ★ ★ ★ ☆
	含 脂 量	★ ★ ★ ★ ★	硬 度	★ ★ ☆ ☆ ☆

特徴
▶ 接近腰部，與肋脊肉相連的肉
▶ 適度的咬勁與美麗的油花之間形成絕妙平衡
▶ 用於牛排或壽喜燒等料理，具壓倒性的高人氣

位於牛背至腰部之間的肉。是個形如牛肉代名詞的部位，即使是對牛肉不太熟悉的人也多半都曾耳聞。雖然近年在燒肉店也變得屢見不鮮，但主要還是活躍於牛排餐館或高級餐飲店。

肉質細緻且富含油花，只要送入口中，和牛的風味與脂肪的甘甜滋味便強烈擴散開來，令人備感愉悅地沁入鼻腔之中。由於風味均衡又沒有筋，咀嚼起來絲毫無負擔也沒有雜味。

誠如英語圈中俗稱的「Steak Ready」，只需切塊即可拿來作為牛排使用的厚片肉形狀也充滿了王者風範。是個完全符合牛肉界第四棒打者般的存在。

Beef Column
0011　「Sirloin（沙朗）」擁有爵士稱號的肉

沙朗是擁有人氣壓倒性第一的牛肉部位。英語裡稱呼牛背到腰部之間的肉為腰脊肉，沙朗則是在前面又加上「Sir」這個爵士的稱號。而這個稍顯嚴肅的名稱源於一個美好的小故事。

故事發生於十六世紀中葉，當時的英國國王是眾所周知的美食家，某天他深受晚餐會上的牛排美味所感動，召來掌廚的廚師詢問他用了哪處肉烹調。國王聽到對方回答是用腰脊肉以後，高聲宣告：「腰脊肉呀，我要賜予你爵士的稱號！」

這雖然是個頗有浪漫情懷的故事，但關於賜名的國王與當時狀況卻有不少版本，多數意見認為這只是一種傳言。比較正確的說法認為應該是源自於十四世紀法語「Surlonge」（Sur意為「～之上」，longe意為「腰肉」）一單字。

二十一世紀的現在，雖沒有方法證明哪一種說法才是正解，但只要一將外表不凡與風味高貴的沙朗送入口中，就會不由得想去相信前者的說法了。

雖是味道爽口的瘦肉，但肉質鬆軟細嫩

菲力
日文 ヒレ
英文 Tenderloin

燒烤
指南

是個肌肉纖維細緻的部位。
切成 12～14mm，
雙面以小火仔細炙烤後沾取柑橘醋。

👁 **Detail Check!**

優質的菲力為穩重的暗紅色瘦肉，
肌肉纖維肌理細緻。

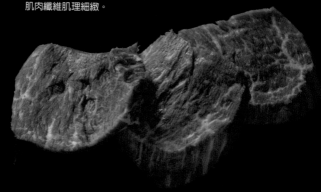

★ DATA	稀有度	★★★★☆	價　格	★★★★☆
	含脂量	★☆☆☆☆	硬　度	★☆☆☆☆

特徵
▶ 位於脊椎下方腰部一帶的肉
▶ 為不太活動到的肌肉，因而雖是瘦肉卻非常柔嫩
▶ 沒有什麼腥味的爽口好滋味

　　位於牛的腰部後方，貼近脊椎下方的細長部位。由於其本身是個幾乎不怎麼活動的肌肉，故而雖是瘦肉卻非常柔嫩，沒有什麼牛腥味又風味清爽為此部位的特色所在。若說對側夾住脊椎的「沙朗」（P.56）是國王，那麼此處的菲力無疑稱得上是女王了。

　　如果是優質的菲力，肉的纖維會非常細緻且細嫩，口感猶如天鵝絨般的絲滑順口。顏色潤澤呈沉穩的暗紅色。嚴禁以在肉上施加壓力的方式加熱，要儘可能以小火慎重烹烤，可以的話加熱至一分熟，就算想吃熟一點的人也只要加熱到三分熟就可享用。

推薦！當地沾醬精選②

秋田　用橫手市自豪的富士蘋果
　　　層次豐富的手作沾醬

シバタ焼肉のたれ

　　選用特釀醬油與秋田縣產蔬果等十五種以上天然食材，所有步驟皆為手工製作。不添加任何合成防腐劑與化學調味料，每一瓶用心製作出來的沾醬，都有著美味到足以令人上癮的合宜甜度，無論有多少都吃得下去。另有辣味·芝麻·薑味口味的燒肉醬都很值得一嚐。

宮崎　在宮崎縣深得民心
　　　一提起燒肉醬就想到它！

戶村本店の焼肉のたれ

　　在宮崎縣無人不知無人不曉的戶村本店燒肉醬，是以新鮮蘋果與香蕉手工製作而成的美味佳品。或許是因為帶著果香，就連脂肪多的部位嚐起來也變得清爽不膩。當然和瘦肉也十分對味。由於也能拿來作為萬用調味料使用，所以是當地縣民都會時時備上一瓶的醬料。

シバタ焼肉のたれ 甘口
（shibata燒肉醬 甜口）
300g　開放售價
シバタ食品加工
洽詢0182-42-2173
http://www.tareya.com

戶村本店の焼肉のたれ
（戶村本店燒肉醬）
200g　246日圓
戶村フーズ
洽詢0987-22-2456
https://www.tomura.com/

牛　前胸肩

牛　腰脊

里脊部

牛　胸腹

牛　後腰臀

牛　內臟

豬　肉

雞　肉

有著肌理細緻肉質與高貴香氣的「肉中貴婦人」

夏多布里昂

日文 シャトーブリアン　　英文 Chateaubriand

燒烤指南

風味無可比擬的超稀有高級部位。
切成20㎜，全神貫注以小火
慢慢加熱至中心，搭配醬油好好享用。

👁 **Detail Check!**

肌肉纖維非常細緻，呈網狀交錯者為優質品。
若是和牛則會帶上些許油花。

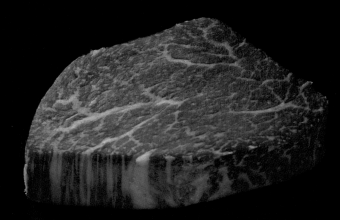

🐂 DATA	稀有度	★ ★ ★ ★ ★	價　格	★ ★ ★ ★ ★
	含脂量	★ ★ ★ ☆ ☆	硬　度	★ ☆ ☆ ☆ ☆

特徵
▶ 為「菲力」（P.58）正中央，肉質最優的部位
▶ 有著肌理非常細緻而柔嫩的肉質
▶ 牛肉之中價位最高的部位

　　位於形狀細長的「菲力」（P.58）正中間，肉最厚且肉質最好的部分就叫做夏多布里昂。法國料理的世界中，會將包含此部位在內的里脊部分割成五個部分，但夏多布里昂依舊被視為其中最高級的肉來處理。

　　原本是個瘦肉部位，但若是A5等級和牛則會帶有細密的油花，能品嚐到瘦肉的高貴香氣中散發出的些許脂肪甜味。口感自始至終都很滑順，一口咬下便感受到那毫無阻力的軟嫩口感，像是要在口中融化般消失無蹤。這獨一無二的好滋味，希望你不妨評估一下錢包厚度試著體驗一回看看。

Beef Column
0012
愛吃肉的知識分子「夏多布里昂」

　　菲力的最高級部位「夏多布里昂」。這個名稱聽上去相當高貴響亮，據說是源自於一個真實存在過的人物。

　　該名人物名為弗朗索瓦一勒內・德・夏多布里昂，是十九世紀的法國政治家，以作家之姿留下諸多著作，除此之外還是個眾所周知的美食家。他最愛的食材是菲力牛肉，尤其喜愛中央一帶最厚的部分。由於他總要求廚師使用該部位的肉製作牛排，所以這部位便採用他的名字來命名。

　　順帶一提，夏多布里昂的祖國法國將菲力牛肉劃分成了五個部位「biftek」、「chateaubriand」、「filet」、「tournedos」、「filets mignon」來做使用。僅四公斤左右的部位還細分得如此徹底，可見其講究程度。也只有這個能誕生出美食家以肉之名流傳後世的美食發源地，才能做到這個程度。

牛—胸腹

牛
前胸肩

牛
腰脊

**牛
胸腹**

牛
後腰臀

牛
內臟

豬
肉

雞
肉

外腹部

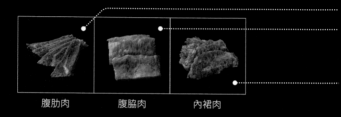

腹肋肉　　　　腹脇肉　　　　內裙肉

中腹部

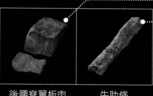

後腰脊翼板肉　　牛肋條

具甘甜脂肪與適度嚼勁,最適合用於燒烤

「胸腹肉」位於牛肋骨一帶的腹側部位,可大致分為「外腹部」與「中腹部」兩個部位。

這部位富含脂肪又有著能享受到硬度適中嚼勁的肉質,相當適合用於燒烤。但另一方面也由於它的肉質不適用於牛排或涮涮鍋等,所以能以較實惠的價格採購,是烤肉之際不可或缺的肉品。

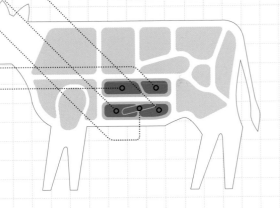

一般燒肉店提供的「五花肉」多半是選用胸腹肉的某一部分。整體來說是個因為脂肪太多而可用率不高的部位,但在此希望各位能對料理職人細心切下其中潛藏美味的肉品、運用巧妙刀工帶出絕妙口感的專業技巧報以感佩之情,好好品嚐其中的美味。

牛
前
胸
肩

牛
腰
脊

牛
腰
脊

外
腹
部

牛
後
腰
臀

牛
內
臟

豬
肉

雞
肉

富含油脂的濃郁滋味
腹肋肉

日文	タテバラ
英文	Boneless Short Rib

燒烤指南

脂肪甜味最豐。切成略厚的7～8mm，
淋上醬汁以大火炙烤，盛放到米飯上。

👁 Detail Check!

除遍布整體的油花之外，還有
一條粗線般的脂肪。

⭐ DATA	稀有度	★★★☆☆	價　格	★★★★☆
	含脂量	★★★★★	硬　度	★★☆☆☆

特徵
▶ 位於外腹部接近前端的部位
▶ 油花分布密實而肉質軟嫩、滋味濃郁
▶ 於燒肉店中多作為「五花肉」供應

　　肋骨附近一帶的肉之中，位於身體外側半邊（下半部）的部分即為外腹部，而腹肋肉則是位於其前方部位，也就是靠近前腳位置的部分。外觀特色在於整體跟腹肉一樣遍布油花，還夾帶著一條粗線般的脂肪。

　　脂肪與瘦肉在味道上的表現都很濃郁。由於肉質柔軟得恰到好處，所以也相當適合切成一定厚度來享用。能品嚐到一般提到燒肉都會聯想到的肥膩甘甜脂肪與絕佳的彈嫩口感。是個燒肉店通常會拿來作為「五花肉」供應的部位，和沾醬非常對味。

Beef Column
0013
燒烤菜單上的「上等」與「特級」是怎麼決定的呢？

　　在燒肉店的菜單上可以看到「上等五花肉」、「特級里肌肉」等菜品，不過這裡的「上等」與「特級」是如何進行區分的呢？從結論來說，這個問題的答案是由店家自主決定。有的人會依據相同部位所含油花更多來決定，或是將更有厚度的部分定為上等，不過也有人會依照部位用途來做區分。

　　舉例來說，被視為上等、特級牛五花肉提供的大多是「腹脅肉」（P.66）或是「肩胛小排」（P.44）。由於肋眼肉等腰脊部位也富含脂肪，所以也有一些店家會

拿來做使用。上等、特級里肌肉則是以「下肩胛肋眼心」（P.34）、「上等肩胛肉」（P.32）為主。同樣都是肋眼肉，有的店家會稱為五花肉，有的店家則是稱為里肌肉，著實甚是有趣。而另一方面，據說「牛舌尖」（P.100）會是普通等級，越靠近「牛舌根」（P.98）則越接近上等或特級品。

　　哪個部位使用什麼菜品名稱也是每間店的獨有個性。這些小門道正是越了解就越令人感到興味盎然的燒肉魅力所在。

牛
前胸肩

牛
腰脊

牛
胸腹

外腹部

牛
後腰臀

牛
內臟

豬
肉

雞
肉

雖富含油花但吃起來卻意外地清爽

腹脇肉

| 日文 | ササニク |
| 英文 | Flank |

燒烤指南

真・牛五花肉。切成略薄的5～6mm，淋上醬汁以大火炙烤，盛放到米飯上面。

👁 Detail Check!

肌肉纖維較粗，整塊肉遍布明顯的裂塊狀油花。

 DATA

稀有度	★★☆☆☆	價格　★★★☆☆
含脂量	★★★☆☆	硬度　★★★☆☆

特徵
▶ 位於接近外腹部後方的部分
▶ 吃起來比富含油花外表更顯爽口
▶ 在燒肉店多被當成「五花肉」供應

位於外腹部後半部,也就是接近後腳位置的肉。整體遍布大面積油花,多到會讓人產生一種白色脂肪比鮮紅的肉還多的感覺。話雖如此,肉中卻仍舊保有腹肉該有的適度嚼勁與濃郁風味。由於這部位的肉有著理所應有的強烈脂肪甜味,又不會感受到如其外表的油膩感,故而可以切厚一點來享用。於咀嚼間流淌出來的肉汁,無庸置疑會讓人發出「這才是烤肉!」的感嘆。

一般在燒肉店裡大多會以「牛五花肉」、「上等牛五花肉」的名稱做供應。烤熟後沾取鹽巴享用也挺不錯,但沾上沾醬再搭配米飯的搭配,才是最令人無可挑剔的最佳組合。

Beef Column
0014
超過30個月的「年增牛」具入口即化的脂肪

黑毛和牛一般會培育到700kg左右才出貨,其飼育期間通常是28個月。飼育期間越長所需花費的飼料費與所費工夫就越多,所以畜牧農家的心聲大抵便是儘早把牛隻養大了吧。而這也就意味著,28個月的飼育期間是人們總結和牛育肥歷史所催生出來的,最有效率的飼育時間了。

另一方面,也有一部分畜牧農家採用花費30個月以上的時間將牛慢慢飼育長大的方針。而他們這種特意拉長時間的做法,為的就是要飼養出味道更好的牛隻。這其中特別受到矚目之處就是脂肪的熔點。一旦牛隻月齡超過30個月,體內脂肪的熔點便會一口氣降低,變得容易在口中化散開來。這樣能讓飼養出來的牛隻有著能在口中留下和牛特有的柔嫩度與油脂的甘甜,以及清爽不油膩的餘味。

在和牛的世界裡,凡是有著月齡超過30個月牛所具有的入口即化脂肪,就能稱為「年增牛」。只要嚐過一次那滋味,或許你也會成為其無人可比魅力之下的俘虜喔!?

牛
前
胸
肩

牛
腰
脊

**牛
胸
腹**

外
腹
部

牛
後
腰
臀

牛
內
臟

豬
肉

雞
肉

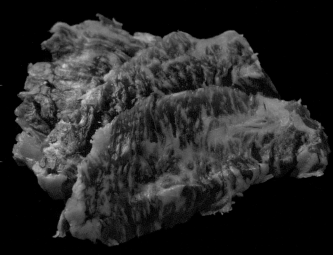

👁 **Detail Check!**

特色在於易於口中散開的肌肉纖維與有著一定集中度的脂肪。

如外橫膈膜肉般軟嫩，屬甜味較強的肉

內裙肉　日文 インサイドスカート
英文 Inside Skirt

燒烤
指南

屬於越嚼越有味道的部位。
切成7～8mm的厚度，佐鹽巴一同享用。

★ DATA	稀有度	★★★★☆	價格	★★☆☆☆
	含脂量	★★★☆☆	硬度	★★★☆☆

特徵
► 狀如薄薄覆蓋於肋骨內側的一層肉
► 連接橫膈膜底部的部分
► 有著與「外橫膈膜肉」（P.102）相似的彈嫩口感

　　為薄薄一層覆於肋骨內側的肉。這個部位在日本的牛肉部位名稱中，相當罕見地直接以美式名稱命名。順帶一提，此部位還與美國稱為「外裙肉」的「外橫膈膜肉」（P.102）相鄰，雖然精肉與內臟肉有所區別，但不論是外觀和口感都十分接近。

　　肉質肌理粗糙，可在其稍大的肌肉纖維織中確實咀嚼到脂肪。一旦弄錯下刀的方向就會變得不易咬斷，但若與肌肉纖維呈垂直狀態下刀，就能切出口感帶著嚼勁且肌肉纖維又會隨咀嚼化散開來，油脂適中的多汁牛肉。

Beef Column
0015

食用牛的世界是雄性嚴禁 !?

　　現在送入口中的牛肉是公牛肉還是母牛肉——你是否曾想過這個問題呢？當然要想光靠吃肉來辨牛的雌雄相當困難，不過有一件我們可以確定的事情就是那牛肉肯定「不會是公牛」。

　　在食用肉的世界當中，人們一致認為母牛的肉更為好吃。牠們的肉質比公牛更為柔嫩、肌理更加細緻且甘甜，油脂的熔點也有偏低的傾向，故而也比較沒有腥臊味。

　　若問及為何沒有公牛，那是因為作為食用的公牛會在很早的階段就進行去勢處理。雖然閹割去勢後的肉質依舊比不上母牛，但肉質會變得較為軟嫩，而且還能培育至接近未去勢公牛的大體型，所以可以賣出較高的價格。正好成了結合二者優點的牛肉。另一方面，只有極少數一部分被判定能長成優秀種牛的公牛能不做閹割。但即便如此，等待著牠們的也是有著嚴格選拔檢驗的荊棘之路。

　　如此嚴苛的和牛世界。是否有讀者看到這裡，有感於「幸好自己沒有投生為牛」而大鬆了一口氣呢？

牛 前胸肩

牛 腰脊

牛 胸腹

中腹部

牛 後腰臀

牛 內臟

豬 肉

雞 肉

同時兼具腹肉與瘦肉優點的肉

後腰脊翼板肉

日文 カイノミ
英文 Flap Meat

燒烤指南

身為腹肉卻偏向瘦肉而不油膩。
切成5～6mm，雙面以大火
快速炙烤，沾取燒肉醬。

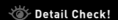

👁 Detail Check!

肌理雖稍顯粗糙，但看似
柔嫩的肌肉纖維與適度的
油脂形成了絕妙平衡。

⭐ DATA	稀有度	★★☆☆☆	價格	★★★☆☆
	含脂量	★★★★☆	硬度	★★★☆☆

特徵

▶ 位於腹肉內側，與「菲力」（P.58）相接的部分
▶ 肉質柔嫩且分布著適度的油花
▶ 是腹肉中肉質最為上等的部位

　　中腹部在牛腹部中相當於身體裡側的部分（也可說是位於外腹部上方的部分）。而中腹部的後半部分，靠近後腳的部位就是後腰脊翼板肉。

　　後腰脊翼板肉雖隸屬腹部區塊，但由於該部位與「菲力」（P.58）相鄰，因而有著兼具二者優點的特徵。肌理雖不能說是相當細緻，但其偏向瘦肉的肉質軟嫩，分布的油花肥瘦合宜。帶著脂肪的濃郁甘甜，但又不會令人覺得肥膩，截然不同於會給人帶來脂肪過多印象的其他腹肉部位。適合以切成厚片的方式來品嚐其鮮甜美味。儘管這是一頭牛只能取得約莫4～5kg的部位，但還是令人不由得想豪邁地切成厚片大快朵頤！

Beef Column
0016

其實發源地是日本 !? 燒肉文化起源論

　　廣受大眾歡迎的燒肉料理，如今雖已與咖哩、壽司同樣堪稱日本國民美食，但它的發源卻意外地鮮為人知，人們對此缺乏正確的資訊。

　　「燒肉是在二次大戰後由日本、南北韓人帶動起來的」是較為普遍流傳下來的說法，但根據《燒肉的誕生》（雄山閣出版）一書的敘述，這是一項錯誤的說法。1930年左右，日本從朝鮮半島引進的「由店員負責烹烤調味醃肉」的燒烤店，與當時日本盛行的「由顧客自行烹烤」的成吉思汗烤肉結合在一起，誕生出了如今的燒肉店。燒

肉竟是源自於日本。

　　之後，燒肉在日韓兩國的交互影響下逐漸有所發展。日式燒肉的特色在於事先切成易於入口的大小並搭配美麗的擺盤、不同部位的精肉與內臟八搭不同的燒肉沾醬與佐料來享用等等。

　　日本境外的燒肉店大多會在招牌上面註明「Japanese BBQ」或「Korean BBQ」，這是因為他們明確知道兩者有著截然不同的烹烤型態。在現今日本料理備受全世界讚賞的當下，日本國人或許更應重新去正視燒肉料理。

牛
前
胸
肩

牛
腰
脊

牛
胸
腹

中
腹
部

牛
後
腰
臀

牛
內
臟

豬
肉

雞
肉

👁 Detail Check!

略粗的肌肉纖維中散布著大
片脂肪。位於肋骨之間而顯
得形狀細長。

特色在於有著紮實的嚼勁與脂肪的甘甜

牛肋條

日文 中落ち
英文 Rib Finger Meat

燒烤
指南

切成厚片肉來仔細品嚐牛肋條的好滋味。
分切成8～9mm，
裹上醬汁以大火進行炙烤。

稀有度　★★☆☆☆　　價格　★★☆☆☆

特徵
▶ 位於肋骨與肋骨之間的肉
▶ 脂肪甘甜且肉質具適度嚼勁
▶ 有著「骨頭周邊的肉」該有的鮮美

位於肋骨之間的肉。由於剔去肋骨以後呈凹凸不平的肉看上去形如木屐的木齒，所以這部位在日本又有個叫做「ゲタ」（木屐）的別稱。這些凸出的部位切下來就會呈現如左圖所示的細長狀肉條。

肉質雖顯粗糙而略硬，但因有油花錯落分布其中，所以會在適度咀嚼後散開來。特色在於滋味濃郁，能品嚐到大口嚼肉的愉悅與濃醇風味。有道是「骨頭周邊的肉最是美味」，此話正是這個部位的最佳寫照，也可謂是最適合用來燒烤的部位。在調味方面自然是與燒肉醬最為對味。建議可以先細細烘烤帶出脂肪的甘甜，再搭配米飯一起大口享用。

Beef Column
0017　比起「A5」，還不如選「A4」牛肉更適合燒烤 !?

近年來在燒肉店中，「A5」與「B4」此類專業術語逐漸變得司空見慣。這些用語如P.26所解說過的，都是用來表示牛肉的「精肉等級」與「肉質等級」。肉質等級劃分成了1至5個級別，而其中最高等級的5等肉說穿了就是上佳的霜降肉。為此，那些有供應評價最高「A5」和牛的店家，自然就會高調宣揚這個事實，然而若是以肉品專家的角度來看，事實上比起5等肉，反而是4等肉左右的肉更適合用於燒烤。

燒肉基本上都是放到網子上烤，所以選用帶有一定程度油脂的肉較為合適，但要是油脂過多卻又會讓人覺得過於肥膩。如果是壽喜燒或涮涮鍋這類用少量牛肉搭配蔬菜一起享用的料理就沒問題，但若是以滿滿的肉類為主要食材，選用脂肪較少的肉會比較合宜。

況且近年來瘦肉甚受歡迎，日後說不定會有更多人喜歡上脂肪含量比A4還要少的A3呢。

牛──後腰臀

臀部

內腿肉

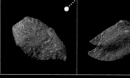

| 上後腰脊肉 | 上後腰脊蓋肉 | 內側後腿肉 |

外腿肉

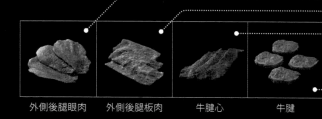

| 外側後腿眼肉 | 外側後腿板肉 | 牛腱心 | 牛腱 |

後腿股肉

| 下後腰脊角尖肉 | 後腿股肉心 | 下後腰脊球尖肉 |

近年人氣急速攀升的「瘦肉」寶庫

　　「後腰臀」指的是牛隻後半身，分別由「臀部」、「內腿肉」、「外腿肉」、「後腿股肉」、「脛部」五個部位所構成（脛部很少用於燒烤，故而於本書中省略）。

　　整體肉質特色在於油花分布較少且瘦肉偏多，因而以往大多會切成薄片或用

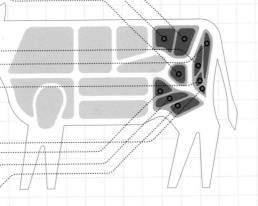

於燉煮料理。但隨著近年來瘦肉風潮的盛行，在燒肉店也逐漸變成了常見品項。乍看之下不少部位都十分相似，但其實彼此之間各有千秋，有的風味濃郁、有的口味清爽，有的還有意想不到的柔嫩口感。待你能區分出其中微妙的口感與風味差異後，你就是「牛肉達人」中的一員了。

牛　後腰臀＞臀部＞上後腰脊肉

含有適度油花與瘦肉的濃郁鮮味

上後腰脊肉

日文 ランプ
英文 Top Sirloin (Rump)

燒烤指南

滋味濃郁而肉味十足的瘦肉。
須留意勿烤過頭。切成8〜9mm，
以中火快速炙烤，沾取芥末醬油享用。

牛 前胸肩
牛 腰脊
牛 胸腹
牛 後腰臀
牛 內臟
豬 肉
雞 肉

臀部

👁 **Detail Check!**

靠近沙朗形狀呈一大片的肉，
瘦肉較多而肉質略粗。

特徵
▶ 與「沙朗」（P.56）相連的臀部肉
▶ 適度油花與腿肉的瘦肉並存
▶ 作為牛排烹調也頗受好評的部位

這是個牛隻腰部至臀部的部位。大家或許可以從它的英文名稱「Top Sirloin」猜測到這是一個與高級肉代名詞「沙朗」（P.56）相連的部位。

因而即便它被歸類於後腰臀肉也仍舊有著適量油花與嫩滑肉質，加之兼具瘦肉的優點，可享受到濃郁而肉味十足的好嚼勁。雖然看上去不甚起眼，但對於不喜歡油脂過多的人來說，這樣的油脂含量反倒才恰到好處。是一個無論用於燒烤或牛排都很受歡迎的部位。在各種吃法中，切成厚片最能完美展現其魅力所在。

Beef Column
0018

「帶點腐味更美味」是真的嗎？熟成與腐敗的差別

將肉品靜置數週至數月所製作出來的就是熟成肉。因而一提到熟成肉就常會聽到「帶點腐味更美味」這一類的評語。究竟事情是否果真如此？

當然，熟成與腐敗完全是截然不同的兩回事。所謂熟成（Aging）指的是牛肉在自身酵素的作用下，肉質變得軟嫩、蛋白質被分解成胺基酸等美味成分。完美熟成的牛肉不僅鮮味與風味會更上一層樓，還會散發一股名曰「熟成香」，聞上去很像堅果香的獨特香氣。

另一方面，腐敗則是以蛋白質為主的一連串有機物遭到微生物分解。其特徵在於會產生對人體有害的物質並且散發惡臭。

問題在於二者有可能會隨著時間的經過同時發生。要想做出好的熟成肉，必須要有謹慎的品質管理及熟練技術，時時維持一定的溫度與濕度，並且不能傷到肉。建議不諳熟成之道的人還是不要輕易動手模仿製作。

肉味十足且含有適度脂肪的瘦肉

上後腰脊蓋肉

日文 イチボ
英文 Culotte

燒烤 指南

與油花取得良好平衡的腰臀肉部位。
切成4～5mm，
以大火快速炙烤，沾取甘甜醬。

👁 **Detail Check!**

風味濃郁的瘦肉裡頭分布著
漂亮油花的橫切面。

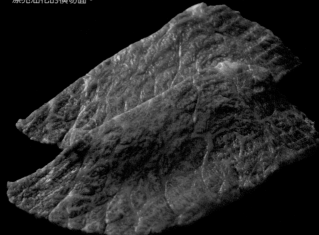

★ DATA	稀有度	★★☆☆☆	價　格	★★★☆☆
	含脂量	★★★☆☆	硬　度	★★★☆☆

特徵
- ▶ 牛臀處骨頭（臀骨）周邊的肉
- ▶ 含有油花但肌理稍粗的瘦肉
- ▶ 日文名稱源於呈H形狀的臀骨

位置緊鄰「上後腰脊肉」（P.76）並連接外腿肉，是牛臀處的肉。其日文名稱據說是源自於牛臀骨的H字型外觀，最初是稱為「H-bone（エイチボーン）」，之後在以訛傳訛的情況下成了「ichibo（イチボ）」。

這個部位的肉質跟上後腰脊肉相比肌理稍粗，咬入口中的口感偏硬還能嚼到多處纖維。因為風味濃郁且肉味十足，再加上容易有油花分布其中，堪稱是最適合用於燒烤的部位。除此之外，由於肉中均勻散布著美麗的油花，切成薄片用於涮涮鍋或壽喜燒的情景也十分常見。不論是哪一種吃法都能享受到相當具有深度的好滋味。

Beef Column
0019

實際上是以乳牛為主流的「熟成肉」世界

近來討論度相當高的「熟成肉」，除了熟成方法之外，牛隻種類（品種）也是件相當值得關注的事情。

一般我們吃到的牛肉，除了專為食用而培育的和牛與F1（雜交種）之外，還包括了因衰老而無法再產奶的乳牛、年歲漸增而卸下生產使命的繁殖母牛。這些牛肉通常脂肪含量少而肉質偏硬，所以商品價值並不高，大多都是低價收購製成絞肉或加工肉品來予以消耗。

然而乾燥熟成技術不但能讓肉質變得柔嫩，還能增加瘦肉本身所具有的深度與鮮美滋味。而這樣的熟成效果在油脂越少的肉品上面更為明顯。這也就是說，乳牛跟經產牛的肉更能透過熟成作用，發揮絕佳美味。

在熟成肉備受歡迎的當下，不妨也試著嘗試一下母牛們歷經歲月洗禮後的成熟魅力吧！

牛
前
胸
肩

牛
腰
脊

牛
胸
腹

**牛
後
腰
臀**

內
腿
肉

牛
內
臟

豬
肉

雞
肉

脂肪少而肉質柔嫩的瘦肉

內側後腿肉

日文	ウチモモ
英文	Top Round

燒烤
指南

沒什麼腥味的實惠部位。
切成4～5mm，
以大火炙烤後沾取柑橘醋享用也很不錯。

👁 Detail Check!

由於整塊肉很厚實，可以取得大塊面積。
是相當典型的瘦肉，只含有少許脂肪。

★ DATA	稀有度	★☆☆☆☆	價 格	★★☆☆☆
	含脂量	★☆☆☆☆	硬 度	★★★☆☆

特徵
▶ 後腿根部裡側部位的總稱
▶ 牛肉中脂肪含量最少的部位
▶ 筋少的瘦肉部位，但肌理稍粗

位於牛隻後腿根部裡側部位的肉。還可以進一步細分為「內側後腿上蓋肉」、「內側小後腿肉」、「內側大後腿肉」三個部分。被視為是所有牛肉部位中，脂肪含量最少、最健康的瘦肉。

這部位有著外觀看不太出來的柔嫩肉質，雖稱不上細緻到入口即化，但所含筋的數量也極少。由於沒有腥臊味，再加上價格親民實惠，所以除了切成薄片用於涮涮鍋或壽喜燒等料理之外，也可廣泛用於烤牛肉、骰子牛肉、炸牛排、燉煮料理等菜品。

風味清淡，咬下去可嚐到瘦肉的嚼勁。若用燒烤的方式品嚐，建議借用沾醬的味道來補足風味。

Beef Column
0020 以注脂方式充當霜降肉，論「注脂」的功與過

利用數十支針筒將油脂注射到牛肉塊裡面，原本硬梆梆的瘦肉轉眼間就成了霜降肉——應該有不少人在知道這種作法以後都感到很震驚吧？但還是希望大家能先冷靜下來，這是因為用油脂或水製成調味液再注射到肉塊裡的「注脂」手法，早在很久以前就用於火腿等肉品的加工製造上。姑且不論個人好惡，這絕對不是一件不好的事。甚至還可以說是一項很環保的技術，可以讓原本難以咀嚼的硬肉變得易於食用。

真正的問題出在有些店家不會明確標示這種肉是加工肉，或是刻意標示得模稜兩可。注脂加工肉在製作過程中有可能遭細菌入侵，因此必須確實加熱至內部熟透。除此之外，注脂用的調味液也有可能出現含有牛乳等誘發過敏的物質。

當然，絕大多數的店家應該都會在菜單上面註明「加工肉」。希望大家身為消費者都能掌握好正確的知識，靠自身判斷進行挑選。

牛
前胸肩

牛
腰脊

牛
胸腹

牛
後腰臀

外腿肉

牛
內臟

豬
肉

雞
肉

富肌肉纖維而嚼勁十足的瘦肉

外側後腿眼肉
（鯉魚管）

日文 シキンボ
英文 Eye of Round

燒烤
指南

是個能感受到十足嚼勁的部位。
切成4～5mm，以大火快速炙烤，
切記不要烤過頭！！推薦搭配沾醬。

👁 **Detail Check!**

幾乎不含脂肪，肉的顏色呈淺淡蜜桃色。
可聯想到肉質的硬度。

★ **DATA**

稀有度	★★★☆☆	價格	★★☆☆☆
含脂量	★★☆☆☆	硬度	★★★★☆

特徵
▶ 靠近外腿肉裡側部分的肉
▶ 能嚐到肉質偏硬而有嚼勁的口感
▶ 通常切成薄片或做成絞肉料理來享用

位於後腿外側部分的「外腿肉」是牛隻身體裡面肌肉最發達之處。外腿肉這個部位可以再細分出幾個部分，其中位於最裡側的部分就是外側後腿眼肉。

僅有些許油花分布，整塊肉呈淡淡的蜜桃色。肉質偏硬，咀嚼起來能感受到相當有嚼勁的彈韌口感，有些燒肉達人就是喜歡這種瘦肉才有的濃醇肉味。

比起用於燒烤，更常切成薄片用於涮涮鍋與壽喜燒，或是用於絞肉、燉煮等烹煮方式。由於這部位的肉彈韌而不易咬斷，所以用於燒烤時，需謹記不要烤過頭，快速炙烤一下就可享用。

Beef Column
0021

「選購全牛」標語背後的真實涵義

近幾年時常可以在燒肉店等餐飲店中看到「選購全牛」的標語，但知道這個詞彙的真實涵義的人應該並不多吧。

牛隻經過屠宰與解體，會在沿著脊椎分切成左右各半的「半隻牛」，也就是所謂的屠體。而買下整塊屠體的做法就是通稱的「選購全牛（一頭買）」。這樣的進貨方式可以省下中盤商與市場流通的費用，以此達到壓低成本的優點，但與之相對的是必須要有相應的豐富知識與技術，才能知曉所有部位的特性，用合適的分割手法與烹調方法讓顧客充分享用到美味而未有絲毫的浪費。此外，常言道牛肉的品質「要切開以後才能見分曉」，因此要想再屠體階段就看出肉質優劣，還必須擁有相當好的眼力。

另一方面，據說也有些店家會分開購買各個部位「合起來當作買了『一頭分』的牛」，也有些店家會購買一整頭牛，再將不易處理的部位退還對方，只憑發票上的交易紀錄便號稱自家是「選購全牛」。所以請不要一看到店家標示選購全牛就感到開心，最好先仔細辨明其中真偽。

外腿肉中相當有柔軟度的瘦肉

外側後腿板肉

日文　ナカニク
英文　Outside Round

燒烤
指南

瘦肉風味濃郁的部位。切成6～7mm，
以大火快速炙烤，搭配芥末醬油一起享用。

👁 Detail Check!

屬於肉質肌理粗糙的瘦肉，
大多切成薄片供應。

★ DATA	稀有度	★★☆☆☆	價　格	★★☆☆☆
	含脂量	★★☆☆☆	硬　度	★★★☆☆

特徵
▶ 位於外腿肉最外側部位
▶ 屬外腿肉中較柔嫩的部分，易於咀嚼
▶ 幾乎不含脂肪的健康美味

　　位於外腿肉當中最外側的部位。由於這處是肌肉運動量大的瘦肉，所以幾乎沒有脂肪分布於其中。雖然這部位的健康特性使其頗受人偏愛，但肉質較硬且肌肉纖維也不細緻。這部位在外腿肉中屬於較軟嫩的部分，肉質和「外側後腿眼肉」（P.82）同樣彈韌有嚼勁，但更好咬斷。風味很醇厚，一經細細咀嚼，那瘦肉特有的鮮美肉味就會緩緩溢入口中。

　　與外腿肉其他部位一樣，通常不是切成薄片用於涮涮鍋、壽喜燒，就是用於烤牛肉等料理。若以燒烤方式享用，烤得太熟會讓肉很快就變硬，建議快速烤一下就好。

Beef Column
0022　　依燒烤種類而定，燒肉達人的燒肉店挑選基準

　　想必多數人挑選燒肉店都是以美味程度與價格為主要判斷基準吧！但美食達人不僅會留意這兩點，還會著眼於燒烤爐的種類，挑選符合TOP級別的店家。

　　假設顧客是幾名女性，考量到她們可能會聊到渾然忘我，所以推薦使用瓦斯爐火。因為這種爐火容易調節火力大小，可以在聊得正開心之際把火調小一點。如果不希望衣服沾上味道，可以選擇設有無煙燒烤爐的店家，並且避開會干擾聊天的上排煙（排煙口設於桌子上方）類型的燒烤爐。

　　如果一心只想大口吃肉，較適合選擇火力旺盛能快速把肉烤熟的炭火爐。只不過這種爐火不易調節火力，所以最好所有人都將注意力放到燒烤上或指定好幾個負責烤肉的人。由於炭火烤肉是藉由煙燻增添風味，所以要挑選上排式排煙口的類型，或沒有排煙口也沒關係。為了讓圍坐在一起的每個人都能盡興，考量聚餐成員的個性與喜好，連燒烤爐的種類都兼顧，才算得上是真正的燒肉達人。

牛　前胸肩

牛　腰脊

牛　胸腹

牛　後腰臀　　外腿肉

牛　內臟

豬　肉

雞　肉

雖是風味濃醇的瘦肉，但肉質意外柔嫩

牛腱心

日文 ハバキ
英文 Heel Meat

燒烤指南 是個肉質軟嫩的部位。建議切成7～8mm，以大火快速炙烤後沾取燒肉醬。

👁 Detail Check!

特色在於深紅色的粗糙肉質
之中布滿許多肉筋。

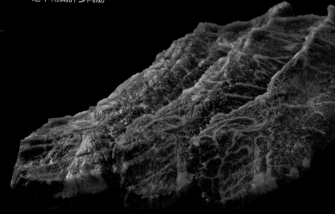

★ DATA	稀有度	★★★★☆	價　格	★★☆☆☆
	含脂量	★☆☆☆☆	硬　度	★★★☆☆

特徵
- ▶ 為外腿肉的一部分，又被稱為比目魚肌的肌肉
- ▶ 能享受到軟嫩口感的瘦肉
- ▶ 因含有很多肉筋，手工分切會較為費工

　　外腿肉之中又稱為「比目魚肌」的部分。是外腿肉當中最為軟嫩，最適合用於燒烤的肉。油花看起來很少，但口感實際上卻十分柔嫩，還可以確實感受到瘦肉的濃郁滋味。

　　然而這部位並不容易處理。肉質軟嫩，筋卻很多，不僅分切起來十分費力，形狀也較不規整以致賣相不佳。而且牛腱心之中還有個名為「牛腱」（P.88）的部位，如果要再取出牛腱就會更加費工。綜上原因，提供此部位的店家並不多見，但其滋味著實美味到只要嚐過一次就會令人不由得為之上癮。

Beef Column
0023　穀物飼養牛隻與草料飼養牛隻

　　看到這篇專欄的標題就能立刻心領神會的人，肯定是個相當資深的牛肉愛好者。穀物飼養與草料飼養，指的是飼養牛隻所使用的飼料種類。穀物主要為玉米等穀物，草料則是牧草。

　　牛原本就是草食性動物，就這層意義而言，草料飼養堪稱是最天然的飼育方式。另一方面，牛隻若餵養高營養價值的穀物飼料，體型就會長得比較大，長成日本人較為偏愛的霜降肉。通常日本與美國以穀物飼養為主流，紐西蘭與澳洲則是以草澳飼養為主流。只不過近年來澳洲等地為了要飼育出能迎合日本市場的牛隻，有時也會在飼養的最後階段中集中餵食穀物飼料。反倒是日本因為瘦肉潮流的興起，有越來越多的人選擇草料飼養。或許日後，依照飼料種類挑選牛肉會成為十分理所當然的一件事也說不定。

富含動物性膠質，越嚼滋味越濃郁

牛腱

日文 センボン
英文 Shank

燒烤
指南

超稀有部位。越咀嚼越能嚐出鮮甜美味。
也很推薦切成7～8mm，
以大火快速炙烤後沾取芥末醬油享用。

👁 Detail Check!

切面看上去猶如「千條」錯綜複雜的
細筋組合而成。

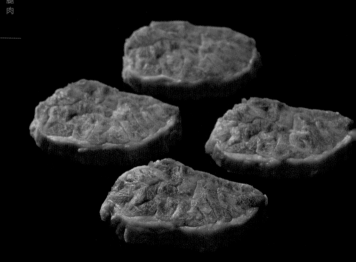

★ DATA	稀有度	★ ★ ★ ★ ★	價　格	★ ★ ☆ ☆ ☆
	含脂量	★ ★ ☆ ☆ ☆	硬　度	★ ★ ★ ★ ☆

左側縱排標籤：
牛前胸肩　牛腰脊　牛胸腹　牛後腰臀　外腿肉　牛內臟　豬肉　雞肉

特徵

▶ 位在「牛腱心」（P.86）裡面的肉
▶ 正如其日文名稱所示，由許多條肉筋組成
▶ 富含動物性膠質，最適合做成燉煮料理

位在「牛腱心」（P.86）裡面的部位。正如其日文名稱所示，那錯縱交織在一起的肉筋，看上去似是由千條細筋組合而成。

由於本身富含膠質，只要確實烤熟再以臼齒用力咀嚼，就能嘗到一股鮮甜滋味隨著黏稠的口感不斷湧入口中。肉質出乎意料之外地並不會顯得很硬，在分切時垂直肉筋下刀，就能切出只需咀嚼數次就能順利咬斷的肉片，還能給人帶來一種大口吃肉的強烈滿足感。

這個部位在燒肉店十分罕見，大多是用於燉煮料理。如果發現店家有供應這道肉品，建議你當機立斷，立刻點來品嚐看看吧！

Beef Column
0024　黑毛和種同屬一家。始祖「田尻號」的故事

要想生產出優質和牛，最重要的一點就是牛隻的血統。日本自江戶時代後期就開始建立起經由近親交配產生的「蔓」品牌牛系統。至牛肉食品漸趨盛行的明治時代則開始以帳簿管理此系統，持續生產擁有優良肉質血統的和牛。

到了1939年，在兵庫縣香美町小代區的養牛戶田尻松藏的手中誕生出了名牛「田尻號」。這種牛不但具備但馬牛毛髮亮麗光澤且體格健壯的諸多優秀資質，之後還作為種牛繁衍出許多子孫後代，成為現今黑毛和牛的祖先。而根據日本社

團法人全國和牛登陸協會於2012年所做的調查，得知日本全國飼育的黑毛和牛母牛高達99.9%都是田尻號的後代。

這也就是說，松阪牛、米澤牛、神戶牛等牛種若追溯至源頭，其實都同屬一個大家族。順帶一提，培育出偉大和牛始祖的田尻先生因其功勛在1955年獲頒黃綬褒章*。

*譯註：日本政府用以表彰對日本社會及公共福利或文化事業做出貢獻者的榮譽勳章之一。

牛
前
胸
肩

牛
腰
脊

牛
胸
腹

牛
後
腰
臀　　後腿股肉

牛
內
臟

豬
肉

雞
肉

Detail Check!

位於腿部卻脂肪含量豐富，是個
外觀呈三角形的部位。

富含油花而適用於燒烤的瘦肉部位

下後腰脊角尖肉 日文 トモサンカク
英文 Tri-Tip

燒烤
指南

帶有油花的瘦肉（腿肉）。切成7～8mm，
以大火仔細炙烤後沾取燒肉醬專用。

★ DATA	稀有度	★★★☆☆	價格	★★★☆☆
	含脂量	★★★★☆	硬度	★★★☆☆

特徵
▶ 後腿股肉中，呈三角形的部位
▶ 含有豐富油花，風味濃郁
▶ 一頭牛只能取得2～3kg的稀有部位

　　位於內腿肉下方的大塊球狀牛肉，在日本因其形狀而有「しんたま」或「マル」等含有「圓狀」意味的稱呼。下後腰脊角尖肉就是位於後腿股肉邊緣的部位，外觀正如其日文名稱「トモサンカク」（友三角）呈三角形狀。

　　特色在於脂肪含量多到讓人想像不到這是腿肉部位。這使它有著脂肪的濃郁鮮甜滋味，與此同時又能感受到瘦肉的芳醇美味。雖然多少有些嚼勁，但肉的彈性十分恰到好處，不會讓人嚼到嘴酸。整體風味協調性極佳，可說是非常適合燒烤的肉質。由於這是個一頭牛只能取得2～3kg的稀有部位，所以價格並不便宜，但絕對物有所值，還請務必一試。

Beef Column
0025　一般家庭的牛肉保存期限與保存訣竅

　　為了在品質最佳的狀態下享用超市或肉舖買回來的牛肉，我們必須要對牛肉的保存期限跟保存方法有所了解。

　　事實上，牛肉是肉類當中保存期限最長的肉。不過一般肉舖都是選用已靜置至正適合當下享用的牛肉來進行分切販售，所以原則上是購買當天就享用為佳。

　　放置冰箱冷藏的保存期限，薄切肉片大約是三天、厚切肉片大約是四天，至於整塊牛肉塊則約莫是五天。絞肉的保存期限以一天為限，最好當天使用完畢。簡單來說，最好記的記法就是肉越大塊，保存期限越長。

　　若可能會超過保存期限就要儘早冷凍。而且為了避免反覆解凍與冷凍，事先切成可單次用畢的大小是冷凍保存的不二法門。為縮短冷凍所需時間，包覆保鮮膜的時候要儘量包覆得平坦服貼，避免留有空氣。此外，冷凍的保存期限大約是一個月。解凍的訣竅是放到冷藏庫一類的低溫環境慢慢解凍。請妥善運用保存技巧以享受品質更佳的牛肉好生活。

牛　後腰臀＞後腿股肉＞後腿股肉心（和尚頭）

牛 前胸肩

牛 腰臀

牛 胸腹

牛 後腰臀

後腿股肉

牛 內臟

豬 肉

雞 肉

柔嫩而別有風味，深受瘦肉愛好者所喜
後腿股肉心
（和尚頭）

日文 シンシン
英文 Eye of Knuckle

燒烤指南

肉質肌理細緻，能嚐到牛肉鮮甜美味的部位。切成7～8mm，裹上醬汁以大火快速炙烤一下，趁早享用。

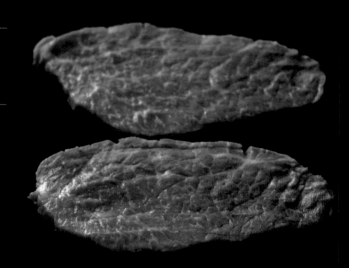

👁 **Detail Check!**

特色在於軟嫩的瘦肉中間
有條筋分布其中。

★ DATA	稀有度	★★☆☆☆	價格	★★☆☆☆
	含脂量	★☆☆☆☆	硬度	★★☆☆☆

特徵
▶ 位於後股肉中央部位的肉
▶ 雖是瘦肉，肉質卻意外軟嫩
▶ 最適合做成生牛肉片或生拌牛肉

這部位的肉位於「後腿股肉」中央部位，也就是後腿股肉的中心，故而被稱為「後腿股肉心」。

雖然是油花不多的瘦肉，口感卻出乎意料地軟嫩。肉質肌理細緻，有條筋貫穿中央部分，但吃起來並不怎麼明顯。在味道上洋溢著上佳風味，能在咀嚼當中嘗到流淌而出恰到好處的香甜濃郁肉汁。應該有不人在嚐過這種肉以後就被其瘦肉的魅力所擄獲了吧！

這部位的肉雖也可用來煎成牛排，但還是最適合做成生牛肉片或生拌牛肉等料理。日本有越來越多的店家獲得生肉供應許可，如果有機會能享用生後腿股肉心，請務必試試。

Beef Column
0026

飼育在礦泉水水源地山腳下的知名和牛

日本全國各地的肥育農家為了飼養出優質和牛，日以繼夜地不斷進行研究。但其中卻有個人標榜「只要水質和環境優良就不需要特別下什麼工夫」，以順其自然的方式飼育出了高品質和牛。這個人就是住在鳥取縣西伯郡「伯耆前田牧場」的前田先生。

前田先生飼養出來的牛隻油花分布均勻且肉質極佳。除此之外還富含美味成分「油酸」，據說肉質嫩滑如同霜降，入口即化而風味溫潤。從他飼養出來牛隻曾榮獲鳥取

縣畜產共進會總冠軍便足可見其美味程度，引得高級鐵板料理店、料亭、餐廳紛紛爭相購買。

事實上，伯耆前田牧場位於名峰大山的山腳下，附近就是日本可口可樂名下眾所周知的礦泉水「い・ろ・は・す」（I LOHAS）水源地之鄉。在這種能飽飲優質水源，令人類也不由心生羨慕的自然環境下成長茁壯的美味和牛，一生一定要嚐上一次。

充分享受瘦肉才有的深度鮮甜美味

下後腰脊球尖肉

日文 カメノコ
英文 Ball Tip

燒烤指南

真‧瘦肉。切成4～5mm，
以大火快速炙烤，
撒上鹽巴品味瘦肉的鮮甜美味。

👁 **Detail Check!**

外觀如日文名稱「カメノコ」（龜之
子）般狀似龜殼。特色在於其幾乎不
含油花的深紅色肉。

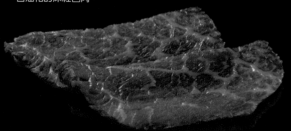

🐄 DATA	稀 有 度	★☆☆☆☆	價 格	★★☆☆☆
	含 脂 量	★☆☆☆☆	硬 度	★★★★☆

特徵
- ▶ 屬於「後腿股肉」的一部分，形似龜殼
- ▶ 暗紅色澤極具特色的風味濃醇瘦肉
- ▶ 肉質不似外觀那樣顯得硬梆梆

　　屬於「後腿股肉」的一部分，是個覆蓋住位於中央的「後腿股肉心」（P.92）般呈半球形的部位。日文名稱源於其如龜殼的形狀。

　　深紅色肉裡幾乎不含油花，肉質是純正的瘦肉質地，咬起來偏硬而富有彈性。風味十分濃郁厚實，每咀嚼一次都能感受到一股滋味強烈的芳醇肉味。雖是腿肉但肌理不會太粗，吃起來並不似外表看上去那樣硬實，所以不僅可以用來製作半敲燒或烤牛肉，拿來燒烤也相當美味。只要小心不要烤過頭，絕對會是瘦肉愛好者忍不住一點再點的美味肉品。

推薦！當地沾醬精選③

長野　「醬」如其名
令人回味不已的萬用沾醬

心打たれ

　　以香味馥郁的醬油為基底，加入大量南信州產「富士」蘋果與洋蔥等新鮮蔬菜的鮮甜美味，製作出滋味濃醇的純手工沾醬。其甘甜滋味能充分帶出肉品的鮮甜美味，吃出令人萬般回味的好味道。誠如該公司員工所提出的商品名稱，是款能打動人心的傑出燒肉醬。

心打たれ
（打動人心的燒肉醬）
300g
小池手造り農 加工所
洽詢0265-33-3323
※價格請另洽詢
https://www.koike-
kakou.co.jp/

高知　勤勞能幹母親所調製的
「省時」美味沾醬

万能たれ ばかたれ

　　靠近四萬十川的老字號料理店。身為該店第三代店主長女的自步小姐為便於一般顧客在短時間內也能做出美味料理給家人享用，將忙碌的婆婆所調製出來的原創沾醬進行商品化。這瓶滿含溫情的燒肉醬是款可隨個人心思用於各種料理的萬用沾醬。

万能たれ ばかたれ
（萬用沾醬 BAKA燒肉醬）
360g
やまさき料理店
洽詢0880-35-5101
※ 價格請另洽詢
https://www.facebook.com
/bannoutare.bakatare/

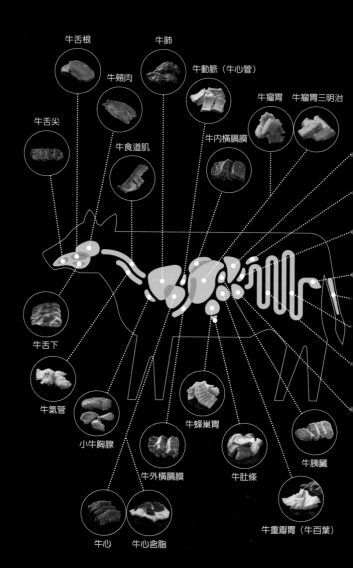

牛
前胸肩

牛
腰脊

牛
胸腹

牛
後腰臀

**牛
內
臟**

豬
肉

雞
肉

牛舌根

牛肺

牛頰肉

牛動脈（牛心管）

牛瘤胃　牛瘤胃三明治

牛舌尖

牛食道肌

牛內橫膈膜

牛舌下

牛氣管

小牛胸腺

牛外橫膈膜

牛蜂巢胃

牛肚條

牛胰臟

牛心　牛心含脂

牛重瓣胃（牛百葉）

牛肝

牛腎

牛脾

牛直腸

牛尾

牛大腸

牛小腸

牛皺胃

　　日文中的「ホルモン」常被人們與動物內臟畫上等號，但實際上，除了屠體以外的可食用部分也全都會被歸到這個類別裡面。如「外橫膈膜肉」（P.102）這種味道接近精肉的部位，以及牛舌這類帶有腥臊味的部位都涵蓋在其中。

越了解越為之著迷
無比誘人的牛內臟世界

　　牛內臟的魅力在於口感相當豐富而多元。有的爽脆彈牙、有的嫩滑清脆，還有的吃起來Q彈有嚼勁……能在口中迸發刺激的多變口感，讓人再多都吃得下，怎麼吃都不會覺得膩。除此之外，料理職人為了突出食材特性而進行的食材處理與刀工技術也是相當值得矚目的重點所在。即使是相同的內臟部位也會隨著店家的處理方法不同而感受到截然不同的味道。

　　以往人們常常會因為內臟容易腐敗或內臟燒烤非主流等主觀印象而對其敬而遠之，但近幾年來，一些環境舒適，即便是女性族群也能輕鬆進到店內享用高品質內臟燒烤的店家已有逐漸增多的趨勢。奧妙的牛內臟世界，越了解越會覺得有趣。希望將本書拿在手中的你也能打開那扇通牛內臟世界的大門。

牛
前
胸
肩

牛
腰
脊

牛
胸
腹

牛
後
腰
臀

牛
內
臟

牛
舌

豬
肉

雞
肉

嫩滑清脆口感與馥郁的鮮甜滋味

牛舌根

日文	タン元
英文	Fatty Tongue

燒烤指南

牛舌裡的王者。彈牙爽脆淌著油汁的部位。
切成10㎜，花上些許時間以中火細細烹烤，
烤好後請搭配鹽巴享用。

👁 Detail Check!

削去周邊紅色略硬部分，更利於
享受牛舌根獨特的好滋味。

🐮 DATA	稀有度	★★★☆☆	價格	★★★★☆
	含脂量	★★★★☆	硬度	★★☆☆☆

特徵

▶ 被認為是牛舌中品質最高的根部部位
▶ 色澤漂亮的粉嫩肉中含有適度脂肪
▶ 具爽脆度的絕佳口感與多汁好滋味

　　眾所周知牛舌可大致分為三大部位，分別是位於前端的「牛舌尖」（P.100）、根部的「牛舌根」（其中央部位有時會稱為「牛舌中段」），最後是下側有較多筋的「牛舌下」（P.101）。

　　而牛舌根是其中品質最佳的部位。由於舌頭根部不常動到，富含脂肪而質地潤澤，整體呈粉紅色。雙面適度烤過以後一口咬下，多到驚人的肉汁就會伴隨著略帶脆度的口感溢滿口中。有股微微的甜香也是這個部位才有的一大特色。這個肉質最佳的牛舌根部分是個珍貴非常的部位，在每頭牛身上僅能取得數百公克。

Beef Column

0027

燒肉界的人氣王「牛舌」是個稀有部位

　　如同常言所說的「烤肉要從鹽烤牛舌開始！」，牛舌牢牢穩坐燒肉界頭號打者的位置。實際上它也是幾乎所有顧客都會點上一盤的肉品。不過牛舌這個部位其實是相當稀有的。

　　一條牛舌的重量大約落在1.5～2kg，除去油脂和筋後的可食用部分約莫剩餘70%，也就是不到1～1.5kg的分量。一般燒肉店供應的一人份牛舌大約是80～100g左右，算起來只夠提供十至二十人份，更是違論牛舌根了。一條牛舌

的牛舌根是否足夠分成二人份都很難說。

　　如此稀有的牛舌當然不能光靠和牛來供應，實際上現在日本國內吃到的牛舌幾乎都是仰賴以美國、澳洲為首的外國進口牛隻。

　　或許你以往總是先點盤牛舌然後三兩下就吃個精光，但下次有機會享用牛舌之時，不妨想想牛舌的珍稀程度，試著慢慢咀嚼、細細品味它的味道吧。

牛
前
胸
肩

牛
腰
脊

牛
胸
腹

牛
後
腰
臀

牛
內
臟　牛舌

豬
肉

雞
肉

口感極佳，穩如泰山的先發投手

牛舌尖 [日文] タン先
[英文] Tongue

　　牛舌前端至銜接中段的部位。由於這是個會時常活動到的部分，所以越接近前緣肉質越顯硬實。將它切成薄片，滴上檸檬汁一起享用，那種富含嚼勁的口感相當能促進食慾。可謂是燒肉界裡地位穩如泰山的先發投手。

燒烤指南

牛舌中最有嚼勁的部分。切成3～4mm，
抹上芝麻、鹽巴與蒜末，
以大火快速炙烤即可享用。

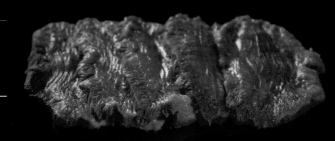

👁 Detail Check!

雖說是牛舌尖，但真正的舌尖前端肉質很硬。表面積越小的切片越接近前端。

特　徵	牛舌前端至銜接中段的部位。 此部位時常活動所以肉質硬實。			
🐂 **DATA**	稀有度	★☆☆☆☆	價　格	★★☆☆☆
	含脂量	★☆☆☆☆	硬　度	★★★★★

享受彈牙咬勁的口感與牛脂的甘甜

牛舌下

日文 タン下
英文 Lower Portion of Tongue

　　牛舌中段至舌根處的下方部位。特色在於肉中分布成塊脂肪，一經細細烹烤就能享用到嚼勁恰到好處的瘦肉與甘甜脂肪。如此上等美味也難怪有些店家會將其稱為「牛舌裡的五花肉」（タンカルビ）了。

脂肪滋味甘甜的牛舌下。
切成3～4mm，以大火快速炙烤，
沾取芥末醬油好好享用。

👁 **Detail Check!**

特色在於肉質與牛舌尖相近的
瘦肉之間含有成塊脂肪。

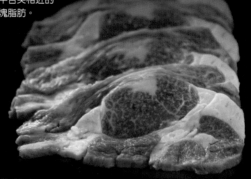

特　徵	位於牛舌下方的部位。			
	能享用到彈牙咬勁與脂肪甘甜風味。			
⭐ DATA	稀有度	★★☆☆☆	價　格	★★☆☆☆
	含脂量	★★★☆☆	硬　度	★★★★☆

101

牛
前
胸
肩

牛
腰
脊

牛
胸
腹

牛
後
腰
臀

牛
內
臟

橫
膈
膜

豬
肉

雞
肉

豪邁的彈牙口感與美味多汁備受歡迎

牛外橫膈膜

日文 ハラミ
英文 Outside Skirt

肌肉纖維肉味十足。
愛吃肉可以切成10～12mm，
以中火慢慢炙烤，沾取芥末醬油慢慢享用。

👁 Detail Check!

外橫膈膜肉中僅一小部分較為厚實。
厚度十足且脂肪呈好看白色者屬上等品。

★ DATA	稀有度	★★★☆☆	價　格	★★★☆☆
	含脂量	★★★☆☆	硬　度	★★☆☆☆

特徵
▶ 牛橫膈膜中位於背側較薄的部分
▶ 彈牙脆嫩的口感與恰到好處的油花
▶ 滿足味蕾的同時還熱量偏低

　　雖然外橫膈膜肉如今已是燒烤菜單中地位穩固的經典肉品，但直至十幾年前它還常被冠以「軟嫩牛五花」之名供應。這個部位雖然外觀跟味道都狀似瘦肉，但在分類上屬於內臟，位於橫膈膜背側的一部分。最大的特徵應該就是它吃起來十分豪邁的獨特口感。牙齒剛一咬下感受到肉的纖維，咬住的地方當即就順勢脆裂開來，肉汁也隨之溢滿口中。熱量不高的同時又滋味濃郁也是其之所以備受歡迎的秘密所在。雖然切成厚片享用最是美味，但能厚切的部分並不太多，因而時常處於售罄狀態。若有幸遇到請儘早點餐。

名字五花八門的美味寶庫，牛內臟各部位名稱的由來

　　牛內臟不但口感與形狀豐富多元，就連日文名稱也是相當五花八門。以下便為大家介紹這些奇特日文名稱的由來。

　　屬於橫膈膜一部分的外橫膈膜肉「ハラミ」來自腹部肉「腹の身」。牛頰肉「ツラミ」（P.120）一稱源自臉頰肉「面の身」。牛大腸（P.118）的日文別稱「テッチャン」跟牛小腸「コプチャン」（P.116）、牛氣管「ウルテ」（P.125）、牛脾「チレ」（P.127）等名稱都源於韓語發音。而諸如牛心「ハツ」（P.106）＝Heart；牛舌「タン」＝Tongue；牛肝「レバー」（P.108）＝Liver；牛尾

「テール」（P.129）＝Tail等各部位名稱則是源自於英語發音。

　　依外觀命名的有褶皺如千瓣折疊的牛百葉「センマイ（千枚）」（P.114）、褶皺紋路如蜂巢的牛蜂巢胃「ハチノス（蜂の巣）」（P.112）等部位。牛瘤胃「ミノ（蓑）」（P.110）因切開的形狀似蓑衣而得其名；牛直腸「テッポウ（鉄砲）」（P.119）也同樣因形似長槍而得此名。

　　有機會光顧內臟燒烤店時，不妨試著在烤肉之餘善用這些小知識作為閒談話題。

牛前胸肩

牛腰脊

牛胸腹

牛後腰臀

牛內臟　橫膈膜・動脈

豬肉

雞肉

有著宛如瘦肉的濃郁肉味

牛內橫膈膜

日文 サガリ
英文 Hanging Tender

　　與「牛外橫膈膜」（P.102）一體相連的部位，有些店家會以外橫膈膜肉之名供應。油花比外橫膈模肉還少，呈微深的暗紅色澤，但肉質相對柔嫩且肉味醇厚。約烹烤至三分熟即可享用。

燒烤指南

十分少見的稀有部位。
跟外橫膈膜一樣切成10～12mm，
以中火仔細炙烤後沾取燒肉醬。

👁 Detail Check!

橫膈膜中位於肋骨側較厚實的部分。
能品嚐到優質瘦肉的濃郁芳醇滋味。

特　徵	要想引出肉的極致美味， 比起炭火更應用瓦斯烹調！		
⭐ **DATA**	稀有度　★★★☆☆		價　格　★★★☆☆
	含脂量　★★☆☆☆		硬　度　★★★☆☆

可享用到彈牙爽脆口感的名配角

牛動脈（牛心管）

日文 タケノコ
英文 Aorta

燒烤指南

口感彈牙爽脆。
劃上十道刀痕分切成20㎜，以中火細細
烹烤，佐搭芝麻、鹽巴與蒜末一同享用。

👁 Detail Check!

顏色和形狀都跟烏賊切片十分相似。
有時會留下脂肪。

　　牛的大動脈。色白光滑的外觀狀似烏賊，但肉質比烏賊更硬。不過只要確實烤好再享用，就可品嚐到彈牙爽脆的咬勁與應聲咬斷時的有趣口感。順帶一提，這部位本身幾乎沒什麼味道。

特　徵	牛的大動脈。 可享受彈牙爽脆的口感，吃起來沒什麼味道。		
★ DATA	稀有度　★★★★☆		價　格　★★☆☆☆
	含脂量　★★☆☆☆		硬　度　★★★★☆

牛
前
胸
肩

牛
腰
脊

牛
胸
腹

牛
後
腰
臀

牛
內
臟

心
臟

豬
肉

雞
肉

口感爽脆且滋味清淡無腥臊味

牛心

| 日文 | ハツ |
| 英文 | Heart |

　　牛的心臟，日文名稱源於英語「Heart」。無腥臊味且滋味清爽，一口咬下就能輕鬆咬斷的爽脆口感吃起來十分暢快。如果是沒有異味的新鮮牛心不需烤得太久，稍微炙烤一下就能享用。

燒烤指南

口感彈牙嫩脆。切成8～9㎜，以大火快速炙烤一下即可沾取燒肉醬享用。

👁 **Detail Check!**

新鮮高品質的牛心，切邊看上去會顯得稜角分明。

特 徵	牛的心臟。滋味清淡而無腥臊味的絕佳口感。		
DATA	稀有度	★★☆☆☆	價 格	★★☆☆☆
	含脂量	★☆☆☆☆	硬 度	★★☆☆☆

牛　內臟 ＞ 心臟 ＞ 牛心含脂

可同時品嚐清爽＆多汁的好滋味

牛心含脂

日文 ハツアブラ
英文 Heart with Fat

燒烤指南

甘甜脂肪令人食指大動。
切成6～7mm，
以大火快速炙烤一下即可沾取燒肉醬享用。

👁 Detail Check!

新鮮牛心切邊稜角分明且脂肪色澤白潤。

　　連同心臟周邊的脂肪一起切片的部分牛心。口味清淡
的牛心再加上能享用到濃厚甘甜滋味的脂肪，是個在饕
客之間十分受歡迎的部位。紅色部分稜角分明，脂肪部
分潤白而不顯灰濁是新鮮度十足的佐證。

特　徵	帶有脂肪的部分牛心。 牛心的清爽與脂肪的甘甜形成絕妙組合。			
★ DATA	稀 有 度	★★★☆☆	價　格	★★☆☆☆
	含脂量	★★★☆☆	硬　度	★★☆☆☆

牛
前
胸
肩

牛
腰
脊

牛
前
胸
腹

牛
後
腰
臀

牛
內
臟　肝臟

豬
肉

雞
肉

帶著黏滑口感與獨特的甘甜

牛肝

日文 レバー
英文 Liver

燒烤指南

切成7～8mm，裹上鹽巴與麻油，
以大火仔細炙烤。

👁 Detail Check!

新鮮牛肝的切邊有稜有角。
沾在盤子上的血液凝固也是新鮮的佐證。

 DATA

	稀有度	★☆☆☆☆	價　格	★★☆☆☆
	含脂量	★☆☆☆☆	硬　度	★★☆☆☆

特徵
► 牛的肝臟
► 鐵質獨特的風味中帶著一股甘甜
► 日本依2012年修正的規範標準禁止生食

　　牛的肝臟。富含鐵質的獨特風味與黏滑口感令其擄獲了不少食客的心。越新鮮的牛肝腥味越不明顯，吃起來的口感也越佳。辨別新鮮度的重點在於切口，若能切出銳角切邊就表示十分新鮮。此外，如果沾附在盤子上的血液能馬上凝固就表示血小板還在運作，同樣也是相當新鮮的佐證。

　　牛肝煮得越熟口感越顯乾柴粗糙，腥味也會益加明顯。自日本厚生勞動省於2012年7月明令禁止生食以來已逾十年，相信至今依舊有些人十分懷念生牛肝的濃郁甘甜滋味，不過為了自己的身體健康著想，也為了不造成店家的困擾，還是確實烤熟以後再來享用吧！

推薦！當地沾醬精選④

廣島　肥膩部位也能在清爽的酸味調和下吃出美味

大人のレモン焼肉のタレ白

　　廣島產檸檬的清爽酸味不僅能令瘦肉更顯美味，就連肥膩部位也更加清爽可口。不會太酸也不會太甜的絕妙酸甜平衡，充分迎合成熟大人的口味。除此之外還有辛辣風味的「焼肉のタレ〈赤〉」與「汁なし汁なし担々麵のタレ」（乾拌擔擔麵沾醬）等同樣添加檸檬的各式佐醬，請務必一嚐。

大人のレモン焼肉のタレ白
（大人的檸檬 燒肉醬〈白〉）
210g　540日圓
よしの味噌
洽詢0823-31-7527
http://www.yoshinomiso.com/

大阪　對百嚐不膩燒肉醬的執著所孕育而出的秘製沾醬

焼肉のたれ もんくたれ

　　不滿足於市售燒肉醬，透過自家各種品嚐研究所誕生出來的秘製沾醬。在本釀造醬油與蘋果、蔬菜等食材與製作方法上面皆多有講究。沾醬本身的甘甜香氣很能促進食慾，但吃起來又不會太甜，有著絕妙的味覺平衡。不僅適合佐搭燒肉，也十分適合用於各種料理。

焼肉のたれ もんくたれ
（燒肉醬 MONKU）
190g　350日圓
洽詢072-467-2529
https://www.monkutare.com/

瘤胃加上甘甜脂肪的誘人美味

牛瘤胃三明治

日文 ミノサンド
英文 Mountain Chain with Fat

燒烤指南

和牛瘤胃一樣，雙面劃上十道刀痕
分切成20mm，抹上鹽巴、芝麻與蒜末，
以中火慢慢烤熟以後享用其獨特口感。

👁 Detail Check!

瘤胃之間夾雜著豐富脂肪就是
上好的牛瘤胃三明治。

　　取自「牛瘤胃」（P.110）中，白肉之間夾雜著脂肪
的部分。瘤胃Q彈嫩脆的口感加上脂肪的濃醇甘甜滋味，
融合出十足誘人的美味。由於是個僅能取得極少量的部
位，如果遇上了請即刻點餐！

特　徵	第一個胃袋中，夾雜脂肪的部分。 加上脂肪甘甜的牛瘤胃滋味濃醇。			
⭐ DATA	稀有度	★☆☆☆☆	價格	★★★☆☆
	含脂量	★★★☆☆	硬度	★★★☆☆

111

牛
前
胸
肩

牛
腰
脊

牛
胸
腹

牛
後
腰
臀

**牛
內
臟**

胃
袋

豬
肉

雞
肉

義大利料理中也很常見的內臟肉

牛蜂巢胃

日文 ハチノス
英文 Honeycomb Tripe

　　牛的第二個胃袋，名稱源自於其外觀形似蜂巢。是個在義大利料理中被稱為「Trippa」的基本食材。需經過剔除表面黑皮的事前處理才能保持柔軟而無臭的狀態。基本上會先汆燙再做供應，但享用前還是要仔細烹烤。

**燒烤
指南**

挑選汆燙過的蜂巢胃，切成20mm，以大火細細烹烤。

👁 Detail Check!

表面覆蓋一層又硬又臭的黑皮，花費工夫去皮的白色肉品為佳。

特　徵	牛的四個胃袋中的第二個胃。有著柔軟又具嚼勁的獨特口感。		
★ DATA	稀有度　★ ☆ ☆ ☆ ☆		價　格　★ ★ ☆ ☆ ☆
	含脂量　★ ☆ ☆ ☆ ☆		硬　度　★ ★ ☆ ☆ ☆

味道甘甜而氣味獨特，不少燒肉達人就愛這一味

牛肚條

日文	ヤン
英文	Bridging Tripe

燒烤指南

不易遇到的稀有部位。
斜向分切成10～12mm，
以中火慢慢炙烤後沾取燒肉醬享用。

👁 **Detail Check!**

肉質厚實，整體膨軟而鼓脹者為上品。

　　連接著「牛蜂巢胃」（P.112）與「牛重瓣胃」
（P.114）的部位。嚼勁十足但又恰到好處，在咀嚼間
脆裂開來的口感讓人完全欲罷不能。脂肪的甘甜中混雜
著內臟本身所具有的獨特氣味，是個一旦迷上就再也不
可自拔的必嚐美味。

特　徵	連接第二與第三個胃的部分。有著極佳的嚼勁與獨特甘甜風味。		
⭐ **DATA**	稀有度　★★★★☆	價格　★★★☆☆
	含脂量　★★☆☆☆	硬度　★★★★☆

牛
前
胸
肩

牛
腰
脊

牛
胸
腹

牛
後
腰
臀

牛
內
臟

胃
袋

豬
肉

雞
肉

生食也好、燒烤也不錯的脆彈嚼勁

牛重瓣胃（牛百葉）

| 日文 | センマイ |
| 英文 | Bible Tripe |

👁 **Detail Check!**

仔細檢視覆蓋在表面的粒狀物，
前端有尖角者才新鮮。

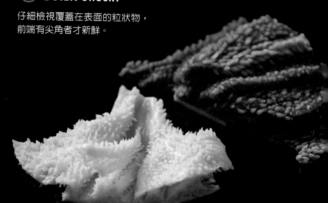

燒烤
指南

外表呈白色的較無異味。
切成20mm，抹上芝麻、鹽巴與蒜末，
以大火快速炙烤即可。

　　牛的第三個胃袋，因狀似有千瓣皺褶而得其名。表面
覆蓋一層黑皮，有的店家會不做處理直接供應，也有的
店家會花上費一點工夫剝去那層皮，讓口感更為柔軟。
有著十足脆彈的咬勁，不論是生吃或烤著吃都很適合。

特　徵	牛的四個胃袋中的第三個胃。 帶著十分脆彈有勁的口感。			
⭐ **DATA**	稀 有 度	★ ☆ ☆ ☆ ☆	價　格	★ ★ ☆ ☆ ☆
	含 脂 量	★ ☆ ☆ ☆ ☆	硬　度	★ ★ ★ ☆ ☆

獨特的滑溜口感令人為之上癮

牛皺胃

日文 ギアラ
英文 Abomasum

　　牛的第四個胃袋，生物學上只有這個胃確實發揮作用。含在嘴裡會Q彈滑溜地到處亂竄，脂肪的甘甜滋味會在每一次的咀嚼當中流溢而出。著實是個相當具有內臟口感的部位。

燒烤指南

牛內臟。劃上十道刀痕分切成20mm，以中火慢慢炙烤後佐搭燒肉醬享用。

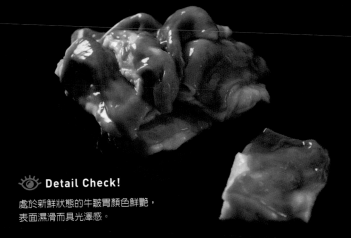

👁 Detail Check!

處於新鮮狀態的牛皺胃顏色鮮艷，
表面濕滑而具光澤感。

特　徵	牛的四個胃袋中的第四個胃。 有著滑溜的口感與脂肪甜味。		
DATA	稀有度　★☆☆☆☆	價　格　★★☆☆☆
	含脂量　★★☆☆☆	硬　度　★★★★☆

牛
前胸肩

牛
腰脊

牛
胸腹

牛
後腰臀

牛
內臟

小腸

豬
肉

雞
肉

可享受到牛脂甜味十足滋味的内臟

牛小腸

日文 コプチャン
英文 Small Intestine

燒烤
指南

切成30mm的長筒狀，
裹上醬汁以中火來回翻轉炙烤即可。

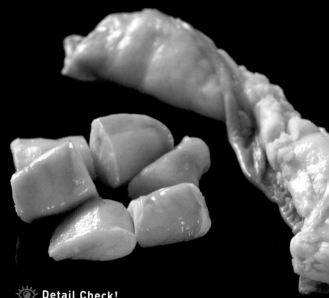

👁 Detail Check!

新鮮牛小腸的脂肪色澤白潤。
此外，若處理不當就會有股臭味。

DATA	稀 有 度	★ ☆ ☆ ☆ ☆	價 格	★ ★ ★ ☆ ☆
	含 脂 量	★ ★ ★ ★ ☆	硬 度	★ ★ ☆ ☆ ☆

　　牛的小腸。日本關西地區有時會稱為「ホソ」（細）、「ヒモ」（繩）。近年來常見的「マルチョウ」（丸腸）一稱指的也是牛小腸。

　　一頭牛大約可取得長達40m的小腸，再加上脂肪含量豐富，使得這個部位因味美價廉而廣受歡迎。除了內臟燒烤店外，還能廣泛應用於牛雜鍋、炒牛雜、炸牛腸烏龍麵等各式料理。

　　用於燒烤時，要從外皮開始慢慢烤，最後再依個人喜好保留或逼出油脂。如果是丸腸狀態的小腸，要不斷來回翻轉炙烤，烤到表皮萎縮、內部脂肪外溢的時候就是享用的最佳時機。十足的嚼勁加上脂肪的乾甜滋味，不論搭配鹽味或濃味噌沾醬都相當對味。

Beef Column
0029　　「丸腸」指的是哪個部位？

　　外觀圓潤又味美多汁的「丸腸」，乘著近年興起的內臟燒烤風潮，在日本首都圈逐漸變成常見起來。不過它最早的發源地是北九州市的小倉地區，本是個僅在九州等部分地區博得人氣的一道菜品。

　　這裡的丸腸並不是什麼特殊部位，只是塞滿了脂肪的長筒狀小腸，跟牛小腸同屬一個部位。

　　上述內容或許有不少人都已知曉，不過如何做出丸腸倒是出乎意料地較鮮為人知。丸腸內部的脂肪

原本位於牛小腸外側，只需將牛小腸裡外翻轉，就能將脂肪包進腸皮裡側。

　　加上這道手續，牛小腸就有了丸腸那外層脆彈、一口咬下油脂就溢滿口中的獨特好滋味。我們之所以能用更加美味的方式品嚐牛小腸，不僅是因為裡面塞滿了脂肪，更是因為裡頭還凝聚了前人滿滿智慧。

彈嫩滑溜口感與脂肪共同演繹的協奏曲

牛大腸

日文 シマチョウ
英文 Large Intestine

　　牛的大腸，腸皮比小腸更厚且含脂量更少。新鮮大腸的腸皮呈粉紅色澤而表面黏滑。狀態良好的牛大腸不用烤太透也沒關係。滑溜地在口中稍一停留，歡暢咀嚼幾下就能輕鬆咬斷。

燒烤指南

真·牛內臟。
分切成30mm，在腸肉側劃上十道刀痕，
以中火慢慢燒烤後佐搭燒肉醬享用。

👁 Detail Check!

腸皮（黏膜）呈漂亮的粉紅色澤又帶著適度黏滑感是狀態良好的佐證。

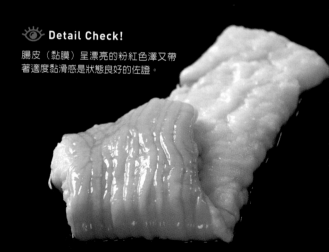

特　徵	牛的大腸。 腸皮比小腸厚且表面黏滑。			
★ DATA	稀 有 度	★ ☆ ☆ ☆ ☆	價　格	★ ★ ★ ☆ ☆
	含 脂 量	★ ★ ★ ★ ☆	硬　度	★ ★ ★ ☆ ☆

好像咬得斷卻又咬不斷的口感

牛直腸

日文	テッポウ
英文	Rectum

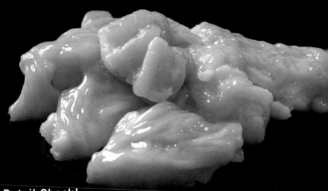

👁 Detail Check!

狀態良好的直腸呈漂亮的潤白色，
表面覆蓋黏液而肉質緊緻。

燒烤指南

肉質硬實。
切成30㎜，在腸肉側劃上十道刀痕，
以中火慢慢燒烤後佐搭燒肉醬享用。

　　牛的直腸部位。肉白而表面帶有黏液，一經火烤會受
熱收縮。味道清淡，若處理得宜就不會有臭味。入口之
後，滑溜Q彈有嚼勁的肉質很難一口咬斷，所以喜好與否
相當見仁見智。

特　徵	牛的直腸。 嚼勁十足而不易咬斷。			
⭐ DATA	稀 有 度　★ ★ ★ ★ ★		價　格　★ ★ ☆ ☆ ☆	
	含 脂 量　★ ☆ ☆ ☆ ☆		硬　度　★ ★ ★ ★ ★	

富含動物性膠質，最適用於燉煮料理

牛頰肉

日文 ツラミ
英文 Cheek

燒烤
指南

肉筋韌度十足的稀有部位。
建議切成3～4mm，
以大火快速炙烤後撒上芝麻與鹽巴享用。

👁 **Detail Check!**

特色在於由許多富含動物性
膠質的肉筋所組成。

★ DATA	稀有度	★★★☆☆	價格	★★★☆☆
	含脂量	★★☆☆☆	硬度	★★★☆☆

特徵
▶ 牛的臉頰肉
▶ 越咀嚼越能嚐出動物性膠質的鮮美
▶ 最適合用於燉煮料理的肉質

　　牛的臉頰肉。除「ホッペ」、「ほほ肉」等別稱之外，以京都為中心的地區又以「天肉」稱之。肉質完全屬於瘦肉，但因為不包含在屠體之內，所以在肉品業界中被歸類於內臟一類。

　　雖屬於時常活動的肌肉而肉質較硬，但又富含膠質所以非常適用於燉煮料理。例如經典法式料理「紅酒燉牛頰」，那牛頰肉燉得軟爛到入口即化的口感與濃醇風味在在令人欲罷不能。

　　用於燒烤時最好切成薄片，以大火快速炙烤即可。可充分享受嚼勁適中，越嚼滋味越鮮甜可口的美味。

Beef Column
0030 　　內臟真的是「廢棄物」嗎？

　　「內臟過去曾經廢棄不食用，所以在關西地區被稱為『放るもん』（廢棄物），而後諧音演變成了『ホルモン』（內臟）。」……不知你是否聽過這樣的說法？日文內臟一詞的由來眾說紛紜，目前較偏向於前述說法為誤傳。

　　「ホルモン」一詞是在昭和初期才開始用於料理之中。用以表示體內分泌的化學物質的德國醫學用語「Hormon」會讓人聯想到滋補養身，所以就把吃了會讓人精力變好的料理一概統稱為「ホルモン料理」。1940年位於大阪的西餐廳「北極星」為自家改良版法式內臟料理命名時，採用了「ホルモン」一詞，甚至還登錄了商標。

　　其實回顧人類狩獵時代或古代山野生活，捕獲的獵物別說是內臟，就連毛皮跟脂肪都是毫不浪費地物盡其用。「廢棄物」一說作為閒談話題在飲酒聚餐中偶有所聞，但從珍重領受每條生命的角度來看，這樣的觀點實在令人難以認同。

牛
前
胸
肩

牛
腰
脊

牛
胸
腹

牛
後
腰
臀

胸腺·胰臟

牛
內
臟

豬
肉

雞
肉

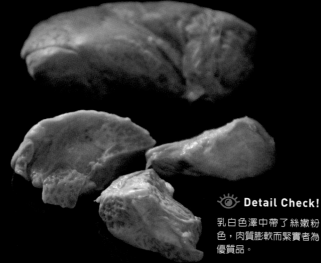

Detail Check!

乳白色澤中帶了絲嫩粉色，肉質膨軟而緊實者為優質品。

充滿濃郁奶香，僅小牛才有的部位

小牛胸腺

| 日文 | シビレ |
| 英文 | Sweetbread (Thymus) |

　　牛的胸腺，是小牛才有的稀有部位。在法國料理中是項名為「ris de veau」的重要珍稀食材。要將小牛胸腺烤到外酥裡鬆軟，才能最大限度帶出其富含脂肪的奶香風味。

燒烤指南

切成10〜12mm，
裹上醬汁以中火慢慢炙烤即可。

特　徵	僅小牛才有的胸腺部位。有著富含脂肪的奶香風味。			
★ **DATA**	稀有度	★★★★☆	價　格	★★★☆☆
	含脂量	★★★★☆	硬　度	★★☆☆☆

放入口中當即融化的豐富脂肪

牛胰臟　日文 スイゾウ
英文 Sweetbread

　　正如其名是牛的胰臟。幾乎由脂肪組成，放到烤網上開始燒烤就會不斷滴油而逐漸縮小。適度炙烤上色即可享用。由於味道類似小牛胸腺，因而有的店家會以該名稱供應。

切成10～12mm，
裹上醬汁以中火慢慢燒烤為佳。

👁 Detail Check!

淺桃色的胰臟肉中遍布乳白色
脂肪。

特　徵	牛的胰臟。 有些店家會以「小牛胸腺」之名供應。				
★ DATA	稀有度	★ ★ ★ ★ ★	價　格	★ ★ ★ ☆ ☆
	含脂量	★ ★ ★ ★ ☆	硬　度	★ ☆ ☆ ☆ ☆

123

柔軟卻不易咬斷的奇特口感

牛肺 | 日文 フワ | 英文 Lung

👁 Detail Check!

特色在於表面遍布小孔。
是關東地區較為少見的部位。

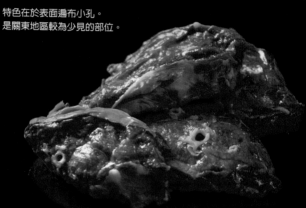

　　牛的肺部。如棉花軟糖般柔軟，但又有著十分不易咬斷的獨特口感。不懂燒烤火候的人可從各處小洞判斷時機，看到洞口冒泡就是翻面的時機。是個鮮少能在關西以外地區看到的部位。

燒烤指南

難以一口咬斷的絕品內臟。將尺寸分切得
比上圖還小，搭配重口味調料。
以中火仔細炙烤後沾取燒肉醬享用。

特　徵	牛的肺部。 如棉花軟糖般的奇特口感。		
★ DATA	稀有度　★ ★ ★ ★ ★	價　格　★ ☆ ☆ ☆ ☆
	含脂量　★ ☆ ☆ ☆ ☆	硬　度　★ ★ ★ ☆ ☆

喀滋一口嚼碎，小零食感十足的部位

牛氣管　日文 ウルテ
英文 Windpipe

👁 Detail Check!

在軟骨上面細細劃上刀痕。
刀痕的細密度與一致性關乎是否易於入口。

　　牛的氣管軟骨。由於無法直接咬斷，所以要用菜刀細
細割成鱗狀。只要仔細烤過再吃，那種像吃小零食般的
鬆脆口感就讓人為之上癮。很適合作為啤酒或沙瓦的下
酒菜。

燒烤指南

雙面劃上十道刀痕分切成20mm，
抹上鹽巴、芝麻與蒜末，
以中火充分烤熟以後，享用其鬆脆口感。

特　徵	牛的氣管軟骨。 享受喀滋嚼碎小骨的口感。			
★ DATA	稀有度 ★★★★☆	價　格 ★★☆☆☆
	含脂量 ★★☆☆☆	硬　度 ★★★★☆

125

極為罕見的珍稀內臟

牛腎
日文 マメ
英文 Kidney

　牛的腎臟。外形狀似葡萄的臟器，特色在於能從分切下來的切面看到圓形的血塊。由於帶有濃重鐵味而腥臊味重，喜歡跟討厭的人都有。是個一般來說十分難得一遇的珍稀部位。

氣味相當重的絕品內臟。
將尺寸分切得比下圖還小，搭配重口味調料。
以中火仔細炙烤後沾取燒肉醬享用。

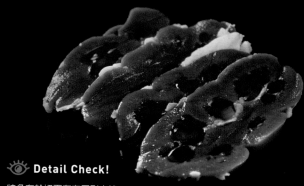

👁 Detail Check!

特色在於切面存在圓形血塊。
整體外觀狀似大串葡萄。

特　徵	牛的腎臟。 鐵味濃重所以喜歡跟討厭的人都有。	
★ DATA	稀有度　★★★★★	價　格　★☆☆☆☆
	含脂量　★☆☆☆☆	硬　度　★★★☆☆

左側欄目（由上至下）：
牛前胸肩／牛腰脊／牛胸腹／牛後腰臀／胸腺・脾臟／**牛內臟**／豬肉／雞肉

作為「生牛肝」替代品享用的人數有所攀升

牛脾

日文 チレ
英文 Spleen

　牛的脾臟。乍看之下與肝臟很像，但形狀細長。口感吃起來黏糊濕滑帶了點甜味，但血的腥味較為強烈。是個鮮少食用的部位，但在明令禁止食用「生牛肝」之後，似乎有被一些店家拿來作為替代品供應。

氣味相當重的絕品內臟。
將尺寸分切得比下圖還小，搭配重口味調料。
以中火仔細炙烤後沾取燒肉醬享用。

👁 Detail Check!

脾臟的深紅色澤與牛肝十分相似，但切面呈細長形狀。

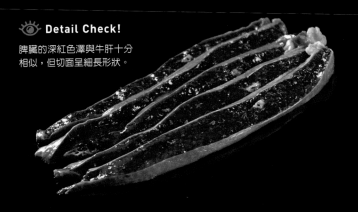

特　徵	牛的脾臟。 黏糊濕滑的口感中帶著濃重血腥味。		
★ DATA	稀 有 度　★★★★★	價　格　★★☆☆☆	
	含脂量　★☆☆☆☆	硬　度　★★☆☆☆	

127

口感偏硬但風味濃郁甘醇
牛食道肌

日文 ネクタイ
英文 Gullet

　　此部位略顯奇怪的日文名稱「ネクタイ」（領帶）源自食道所在位置與食道本身的細長形狀。味道濃郁甘醇，越嚼越能嚐到一股頗具深度的鮮甜美味於口中擴散開來。硬度跟外表一樣無需太過介意。由於一般店家幾乎看不到這個部位，一旦遇到請先點來品嚐。

👁 Detail Check!
硬實肌肉橫生的瘦肉，
外觀呈細長型狀。

牛前胸肩

牛腰脊

牛胸腹

牛後腰臀

牛內臟　食道・尾部

豬肉

雞肉

燒烤指南

雙面劃上十道刀痕並分切成20mm。
抹上鹽巴、芝麻與蒜末，
以中火充分烤熟以後，享用其鬆脆口感。

特　徵	牛的食道部位。 每次咀嚼都能嚐到一股瀰漫開來的鮮甜美味。		
★ **DATA**	稀有度 ★★★★★	價　格 ★★☆☆☆
	含脂量 ★☆☆☆☆	硬　度 ★★★★☆

隨著每次咀嚼瀰漫開來的鮮甜滋味

牛尾

日文 テール
英文 Tail

 Detail Check!

因內含骨頭而大多選擇切成
薄塊，但若費些工夫剔去骨
頭會更好入口。

　　牛的尾部。有著肌肉發達而多筋的硬實肉質，但因富
含動物性膠質，所以越嚼越是鮮味四溢。若用於燒烤，
請確實烹烤至微焦上色再大口咬下。花上一點時間熬煮
成牛尾湯也相當可口美味。

燒烤
指南

無比鮮美！去骨燒烤時，以大火快速炙烤，
撒上鹽巴慢慢享用。

特　徵	牛的尾部。多筋而越嚼越能嚐到四溢而來的鮮美滋味。			
★ DATA	稀有度	★ ★ ☆ ☆ ☆	價　格	★ ★ ★ ☆ ☆
	含脂量	★ ★ ★ ★ ☆	硬　度	★ ★ ★ ★ ☆

掌握日本全國
各地的品牌牛！

日本全國各地遍布以松阪牛與神戶牛等
知名產地為首的各種品牌牛。在此將為
你大致介紹一下這些知名品牌牛的魅力
與特色所在。究竟哪一種牛才能擄獲你
的味蕾呢!?

北海道・東北

北海道	池田牛 褐毛和種。以十勝紅酒的酒糟作為飼料。沒什麼多餘脂肪。
青 森	青森倉石牛 誕生於青森縣五戶町倉石的黑毛和種。魅力在於散發自然淳樸味道。
岩 手	岩手短角和牛 ⇒ P.136
	前澤牛 但馬牛血統。牛肉愛好者必嚐一次的肉質巔峰。
秋 田	羽後牛 在羽後牛中屬於高稀有度「等級A4以上」的上等黑毛和種。
宮 城	仙台牛 肉質等級評定「5」以下就無法背負此名的超高級牛。
山 形	米澤牛 ⇒ P.135
	山形牛 在日夜溫差大的氣候特性下，飼育出來的細緻肌理肉質。
福 島	福島牛 於全國肉用牛枝肉共勵會中位居首位。細密油花很適合涮涮鍋。

關東

茨 城	常陸牛 藉由大麥等豐饒穀倉地區特有的飼料，飼育出優質肌肉與脂肪。
栃 木	栃木牛 全國肉用牛枝肉共勵會評為日本第一。出口美國深獲好評。
群 馬	上州和牛 得力於利根川水系的豐富水資源，肉質之中富含礦物質。
埼 玉	武州和牛 投餵含有大量玉米的獨家飼料。有著引以為傲的超群甘甜肉質。
東 京	秋川牛 產自秋留野市竹內牧場。一年之內僅能出貨數頭的夢幻牛隻。
千 葉	上總和牛 縣內品牌牛榜首。特色在於脂肪風味清爽而熔點低。
神奈川	葉山牛 餵以米或豆腐渣等調配的飼料。連續獲得日本農林水產大臣賞。

※請參照各地日本農業協同組合（Japan
Agricultural Cooperatives，簡稱JA）、
品種推進協議會等網站。

中部

新 潟	村上牛	飼育於村上市、關川村、胎內市者。分類等級落在A4、B4以上者。
富 山	富山和牛	投餵越光米糠等飼料。富含美味成分油酸。
石 川	能登牛	江戶時代於加賀藩推動的置鹽業中大為活躍的耕牛始祖。
福 井	若狹牛	自明治時代開始食用的傳統黑毛和種。屬但馬牛系。
山 梨	甲州牛	育肥時間長達30~33個月。採用威士忌酒粕為飼料。
長 野	信州牛	以信州才有的榨汁蘋果渣為飼料。具獨特芳香。
岐 阜	飛驒牛	全國性高知名度值得自誇的品牌牛之一。魅力在於肉質穩定。
靜 岡	愛鷹牛	於東部愛鷹山麓育肥，滋味芳醇，十分適合用於壽喜燒。
愛 知	三河牛	黑毛和種。其中最高級的品牌為「三河牛Gold」。

近畿

三 重	松阪牛 ⇒ P.132	
	伊賀牛 ⇒ P.137	
和歌山	熊野牛	源於平安時代，熊野詣盛期自京都運送而來的荷牛。
奈 良	大和牛	鐮倉末期描繪良牛的〈國牛十圖〉中也出現過的名牌牛。
滋 賀	近江牛 ⇒ P.134	
京 都	京都肉	前述〈國牛十圖〉中作為「丹波牛」介紹的傳統黑毛和種。
大 阪	大阪梅牛	以日本國產醃漬梅投餵飼育。富肌肉纖維的健康牛肉。
兵 庫	神戶牛 ⇒ P.133	
	但馬牛	由於但馬牛的高品質而成為全國各地品牌牛的素牛*。

*譯註：正式作為育肥牛或繁殖牛前的6~12個月齡小牛。

山陽・山陰

岡 山	千屋牛	祖先是日本最古老的蔓牛（中國地方所改良的優良系統河牛）。
廣 島	廣島牛	提取神石牛與比婆牛優點所改良的高級黑毛和種。
島 根	石見和牛	一年只生產二百頭牛。肉質經未生產母牛特別優化。
鳥 取	鳥取和牛Olein 55 ⇒ P.138	
山 口	見島牛 ⇒ P.139	

四國

德 島	阿波牛	與阿波尾雞、阿波豬並列為德島代表性畜產品牌。
香 川	橄欖牛 ⇒ P.140	
愛 媛	石鎚牛	名稱取自西日本廣為人知的最高山峰，石鎚山。
高 知	土佐赤牛 ⇒ P.141	

九州・沖繩

福 岡	小倉牛	一年僅生產五十頭左右。是行家才懂得的絕品牛。
大 分	豐後牛	種公牛是得過天皇賞與農林水產大臣賞的名牛。
宮 崎	尾崎牛 ⇒ P.142	
	宮崎牛	在和牛奧運「全國和牛能力共進會」創下三連霸實績。
熊 本	熊本黑毛和牛	徹底管控每頭牛的健康狀態。其柔和口感獲一定評價。
佐 賀	佐賀牛	名稱限制依日本食肉標準協會的規定為最高等級。
長 崎	壹岐牛	在浮於玄界灘的島嶼·壹岐島內進行十分講究的一貫飼育。
鹿 島	鹿兒島黑牛	曾選出用怪物種公牛「平茂勝號」等優秀種公牛。
沖 繩	石垣牛 ⇒ P.143	

不由自主為之停下腳步！
值得深 —— 入探討的品牌牛秘辛

身為牛肉愛好者的你對品牌牛的追求，如果只是僅止於味蕾上的滿足就太可惜了。關於品牌牛的歷史、生產背景與美味理由，著實有很多秘辛可以跟大家分享。在此將把鏡頭聚焦到隱於十二種品牌牛背後秘而不宣的十二則軼聞。只要閱讀理解其內容，應該就能對牛肉迸發而出的美味更加深有實感才對。

▶ episode_01　松阪牛（三重縣）

酒是「肉中的藝術品」誕生背後的大功臣

「日本三大和牛」之一的松阪牛，作為所謂的高級牛肉代名詞聞名遐邇。其中最高級的就是「特產松阪牛」。買進但馬牛的小母牛移至松阪市及其近郊進行長達九百天以上的育肥作業（※一般的育肥期限為五百天以上），飼育出特色在於能達到

![照片]

照片提供／松阪市公所農水振興課

「牛脂光是置於掌心就會慢慢融化」效果的低融點脂肪（不飽和脂肪酸）。

而令人感到有趣的是人們所採取的育肥方式。這一點對肉品達人來說或許已無需說明，但你可知道他們竟然為了增進牛隻食慾而餵食啤酒，並且用燒酎按摩牛隻以改善其體內血液循環、促使皮下脂肪分布均勻。

常言道「酒為百藥之長」，也就是說適度的酒對人們的健康有所助益。莫非這項觀點也同樣適用在牛身上！？

小雜談 三重縣松阪市中有家名為「一升びん 宮町店」的燒肉店，竟然將最高級的松阪牛做成「迴轉燒肉」供顧客品嚐。魅力在於店家購買了整頭牛，所以可以同時品嚐比較各個部位。

它的美味左右了一名運動選手的名字

神戶於明治時期作為國際港口對海外開放門戶。在被稱為「神戶俱樂部」的社交場合中，許多外國人齊聚一堂品嚐神戶牛。

照片提供／
神戶肉流通推進協議會

神戶牛與左頁的松阪牛一樣位居日本品牌牛之巔的王者寶座。能成為素牛的也只有未經產、未去勢的最頂級黑毛和種但馬牛。其中只有通過霜降程度「B.M.S」評分值達No.6以上的嚴格認證條件才能被冠上神戶牛之名。

此外，被神戶牛霜降肉擄獲心神的並非只有日本人，美國費城出身的前NBA選手喬‧布萊恩（Joseph Washington Bryant）就深深為牛排館吃到的神戶牛肉所打動。甚至還以神戶的發音

「KOBE」替自家兒子取名為「柯比」。而此人正是麥可喬登指定的接班人，超級球星柯比‧布萊恩（Kobe Bean Bryant）。

私房的
小雜談 　連通新神戶車站的神戶牛排館。可在館內資訊展示區，學習到神戶牛肉向來引以為傲的最高品質與美味秘辛，還能在餐廳裡品嚐比較神戶牛的組合套餐。

從近江牛所見「因食物而生的怨念有多可怕」

在以琵琶湖為代表的豐饒自然環境中飼育出來的近江牛始祖，是但馬系和牛。
照片提供／「近江牛」生產，流通推進協議會事務局

安政七年（1860年）發生了一起「櫻田門外之變」。這起江戶幕府大老井伊直弼遭到暗殺的事件，不僅動搖了幕末日本，也改變了這個國家的未來走向。而這其中還有個與近江牛頗有淵源的軼聞。

這則軼聞是這樣的：相傳水戶藩主德川齊昭是個脾氣暴躁到被人取了個「烈公」綽號的人。他個人非常喜歡吃近江牛，會往彥根藩的井伊家送去鹽漬小梅交換近江牛。但是當直弼成為大老就禁止了領地內的牛馬宰殺，也中止了進獻。儘管齊昭對此再三提出請求還是遭到無視，這激怒了水戶流浪的武士，終而引發了直弼的暗殺事件。如果這則傳聞是真的，那麼，近江牛的魅力著實不容小覷。

小雜談　和上述德川齊昭同樣折服於近江牛魅力的大人物還有豐臣秀吉。有一說是秀吉曾在戰場上吃近江牛，利用肉香味讓敵人喪失所有戰意。是真是假不得而知。

人稱「米澤牛恩人」的英國人是？

以「天下無難事，只怕有心人」名言為人熟知的江戶時代米澤藩主上杉鷹山，是個相當熱衷於教育的人，在安永五年（1776年）創設了名為「興讓館」的藩校。而在該校手執教鞭的人正是英國人查爾斯·亨利·達勒斯（Charles Henry Dallas）是影響米澤牛至深的關鍵人物。

心繫故土的他在當時禁食四腳動物的米澤地區嚐到了牛肉的美味，深深著迷於它的好滋味。於是在任職期滿以後帶了一頭牛回到位於橫濱居留地，用牠招待自己的外國友人，贏得了眾人的喜

歡。而後達勒斯就和米澤的中間商簽訂了批發合約，以「米澤牛」之名進行販售，很快就博得了好評。米澤牛之名也成了主流。直至現今，達勒斯都被稱為「米澤牛的恩人」。

查爾斯·亨利·達勒斯

肌理細緻的霜降肉藝術性十足。

米澤牛的故鄉是個位於山形縣南部的置賜地區，被朝日、飯豐、吾妻、奧羽等諸山環繞的盆地，所以夏天與冬天的溫差極大。就是這樣的氣候與富庶的自然環境培養出了鮮美肉質。

照片提供／山形置賜農業協同組合生產販賣部畜產酪農課

給您一提的 **小雜談**　重現出曾於1964年東京奧運販售過的車站便當「復刻版米澤牛肉壽喜燒便當」，榮獲2020年便當與配菜大賞中車站便當·飛機餐項目的優秀獎。

源自於日本×英國的「通婚聯姻」

特徵在於紅褐色牛毛。有個「赤べこ」（紅牛）的暱稱。照片提供／岩手牛普及推進協議會

因為瘦肉不僅熱量低，還富含鐵質、燃燒脂肪所必須的左旋肉鹼等營養成分，使得近幾年來人們對瘦肉的好評急遽上升。其中就包含了內行人才知道的「岩手短角和牛」。雖然光是知道這個和牛品種，就足以演繹好一名肉品達人，但身為一個聰明人，最好還是廣泛涉獵，深入探討一下這個品種的來源吧！

在岩手縣還是南部藩的時候，

人們為了越過險峻的北上山地，把「南部牛」拿來作為往內陸地區運送三陸（青森、岩手、宮城）海產的運輸工具。這種牛與明治以後進口的短角牛種（原產國以英國為主，美國亦生產）交配進行品種改良出來的牛隻就是「岩手短角和牛」。如果用稍微粗魯一點的說法，就是所謂的「日本與英國的混血牛」。

🐄 **小雜談** 脂肪含量少而健康的瘦肉，最推薦切成牛排的方式來享用。在各家網購商舖販售，可同時品嚐比較牛排沙朗、菲力、骰子牛的組合餐等商品頗受歡迎。

伊賀牛是伊賀忍者的力量源泉！?

　　伊賀牛的存在，雖然壟罩在產地同屬三重縣的松阪牛陰影之下，但實際上卻是深受全國各地肉品達人矚目的品牌牛。當地全年的平均氣溫約14度，在縣內也算是較為低溫，以盆地特有的高低溫差氣候所孕育出來的牛隻肉質著實十分鮮美。

　　而一提到伊賀，就會想到這是個以伊賀流忍者發源地而聞名的地方。事實上，有傳聞說他們在戰國時代以後就開始攜帶肉乾作為乾糧，以此補充營養。相傳這種乾燥肉或許就是伊賀牛的始祖。

　　在此順帶一提，鎌倉時代所畫的〈國牛十圖〉裡也有記載著伊賀牛。

　　伊賀牛的稀有度很高，產量幾乎都在當地消費食用，因為帶有馥郁的肉香與美味，被評為「肉之橫綱」。如果有機會拜訪三重縣伊賀市，不妨在緬懷這段歷史的同時，試試這鮮甜滋味橫溢的好味道吧！

伊賀牛有80％都是由地區裡的販售業者到畜牧農家的庭院裡收購。這是因為這樣的交易方式能實際看看牛隻狀況。

照片提供／三重縣農林水產部食品改革課

因赤目四十八瀑布而遠近馳名的三重縣名張市，有一道使用伊賀牛的B級美食「伊賀牛 牛汁」。基本上是在和風醬油高湯裡面添加伊賀牛肉與青蔥。標記是店門口掛著紅色布簾。

其「入口即化」的口感，秘密在於油酸

建立在鳥取縣產和牛基礎上的種公牛「氣高號」。血統越是純正，油酸的含量就越高。

「油酸」是近年來掀起的健康取向風氣中，時常會出現在話題中的關鍵字。

這是以橄欖油為首的植物油中含量最多的脂肪酸，對動脈硬化、高血壓、心臟疾病等生活習慣疾病都有預防、改善的作用。也就是說，它對中高齡者來說是個強而有力的好夥伴。

而「鳥取和牛Olein 55」正是聚焦在油酸，以「脂肪中的油酸含量達55%以上」為判定基準的新品牌牛。油酸熔點低至16℃，所以油酸含量高的脂肪會變成低熔點脂肪，可以品味到脂肪在口中滑順化開的感覺。這種能同時兼具健康與美味的品種牛十分值得重視。

照片提供／鳥取縣牛肉販賣協議會

小雜談　鳥取縣種公牛「氣高號」是日本「第一屆全國和牛能力共進會」（1966年）的產肉能力檢定中奪得一等賞的品牌牛。以日本知名品牌始祖之姿，在和牛界的歷史中留名。

episode_08　見島牛（山口縣）

自古代流傳至今，堅守「純正血統」的日本牛

昭和三年左右的見島牛。體格較小且平均身高約為130公分。照片提供／MIDORIYA FARM

　　一提及「和牛界」就不能不提到「見島牛」。之所以會這麼說，是因為明治維新之後，多數推行和牛與外來種交配，使得日本自古以來的純正血統和牛逐漸消失，但於此之中，見島牛保持了純種的「純正血統」，於昭和三年被國家認定為自然紀念物。

　　見島牛棲息於山口縣荻市北方的離島「見島」。現今作為自然紀念物進行飼育繁殖用。僅有失去生產力的淘汰母牛與去勢小公牛會作為肉牛運至本島，是種幾乎不流通於市面的夢幻和牛。建議如果有機會吃到這種和牛，請務必一嚐原汁原味的和牛霜降肉質。一定能讓你萬分驕傲自滿。

小雜談 山口縣荻市的牛肉販賣店「みどりや」售有高度稀有的公見島牛與母荷蘭乳牛交配育肥而得的「見蘭牛」，為自家肉舖與燒肉餐廳做提供。

139

episode_09　橄欖牛（香川縣）

橄欖與牛之間有何「美味關係」？

　　提到香川縣的「橄欖牛」，大家應該都能想像得出牠是什麼樣的牛吧？沒錯，牠正是以縣內特產橄欖油飼育而成的牛隻。說得更準確一點，這種牛是用榨完油的橄欖果實為飼料餵養長大的，因而肉質獲得風味濃醇且健康的評價。

　　其「風味濃醇」且「健康」的理由，一言以蔽之就是因為吃了橄欖。含量豐富的油酸是牛肉美味的一大要素，抗氧化成分能抑制體內的老化。順帶一提，當初要把橄欖變成飼料著實遇到了不小的難題。牛似乎不太喜歡橄欖

的澀味，後來幾經嘗試才從柿子乾得出了靈感，將橄欖乾燥以後才成功製成飼料。橄欖牛美味的背後，是這樣幾經努力所堆砌而成的。

以「日本橄欖發源地」之名聲名遠播的小豆島。橄欖樹亦是香川縣的縣樹。

照片提供／香川縣農政水產部畜產課

　　命脈一提的 小雜談　用壽喜燒或涮涮鍋等一般肉料理方式來享用橄欖牛，其美味程度自不在話下，活用於烤牛肉或沙拉也是一大樂事。因為橄欖牛脂肪風味清爽才能用這種方式來享用。

熟成肉風潮裡的「萬人迷」

土佐赤牛的祖先源於明治時代，以作為種田用耕牛引進的韓牛與自九州方面輸入的牛隻為開端。照片提供／高知縣農業振興部畜產振興課

　　近幾年來，熟成肉蔚為一種風潮。所謂的乾式熟成（Dry aging）就是將肉放到熟成室中，靜置六週左右的時間來提升美味程度的調理方式。這樣的作法已廣獲認可。而其中十分適合採用這種乾式熟成方式的品牌牛之一正是「土佐赤牛」。

　　這種以高知縣山間地帶為中心進行飼育的褐毛牛，最大的特色就在於「瘦肉的美味度」。在充足的乾草與野草供給下，飼育出了脂肪均勻分布於瘦肉上的肉質。你可以在以提供品質講究的熟成肉聞名的大阪「又三郎」裡，嘗試一下這種越嚼越能感受到牛肉的鮮美於口中擴散開來的土佐赤牛。要不要也來品嚐一次褐毛和種不同於黑毛和種易生成脂肪的魅力呢？

小雜談　隨著近年來瘦肉的人氣日益攀升，土佐和牛品牌推進協議會自2020年4月開始，將符合獨自評價基準的牛隻認證為土佐赤牛的新品牌「Tosa Rouge Beef」。

肉質高級的秘密就在於自家配製的飼料

並非地名而是以生產者姓氏冠明的品牌牛「尾崎牛」。在畜產王國美國習得最先進技術的尾崎宗春先生，自從下定決心「要養出自己真正想吃的牛肉」以後，花費了三十年時間才「總算培育出能冠上自己名字的牛隻」。其高品質源自於以獨家比例配製啤酒酵母在內十三種成分的飼料，並且每日親自調配兩次飼料以避免使用防腐劑與抗生素。除此之外，還比一般育肥期多花4個月，以整整長達32個月以上的培育時間養出「完全成熟」的牛隻，催生出有著低熔點上等脂肪

與鮮味四溢的瘦肉。在海外還獲得來自紐約星級主廚的讚譽，正是其美味程度的佐證。

一天兩次花費兩個小時配製而成，萬分考究的飼料。與此同時也是一種循環型農業，使用以牛隻堆肥種植而成的牧草。

小雜談　尾崎牛只能育肥出尾崎先生照顧得來的數量，因此每個月只能產出日本國內30頭、海外30頭，共計60頭牛的產量。出口至34國，在海外也有相當高的人氣。

episode_12 石垣牛（沖繩縣）

蠱惑各國首腦味蕾的日本品牌

遼闊土地上有著綠油油的牧草，一年四季氣候溫暖，
水源豐沛。石垣島集結了和牛繁殖的最佳條件。

照片提供／時事通信Photo

　　石垣島上有著不同於沖繩本島的獨特飲食文化，諸如使用細圓麵的八重山蕎麥麵與當地特產的「ピパーツ」島胡椒等等。其中，「石垣牛」正是其首屈一指的代表。石垣島與夏威夷幾乎位於相同緯度，在這種燦爛陽光下孕育出來的牛隻，肉質不同於其他黑毛和種，充滿了獨特的芳醇滋味。

　　其芳醇滋味就連世界各國的首腦都讚不絕口。2000年7月舉辦的沖繩八大工業國組織高峰會，晚宴的主菜就是石垣牛料理。於是石垣牛就在此契機下，一口氣在日本各地打響了知名度。據說採購屠體的訴求絡繹不絕，以至於後來在沖繩縣內也無法輕易吃到石垣牛了。足可謂是「遇到石垣牛那天就是幸運日」。

節慶提的小雜談 南島石垣機場商店所販售的，由砂川冷凍綜合食品與一流飯店主廚聯名合作推出的石垣牛特製漢堡排十分受到歡迎。平易近人的價格也極具魅力，可透過網購買入。

參訪和牛的育肥現場
～拜訪宮崎縣尾崎牛牧場～

宮崎市大瀨町　尾崎牛牧場 ◉

　　我們所享用到的美味和牛究竟是怎麼培育出來的呢？接下來，「尾崎牛」（P.142）和牛育肥名人尾崎宗春先生，將帶領我們參觀宮崎市農協所舉辦的小牛拍賣會。

　　生產和牛的畜牧農家一般分成了「繁殖農家」與「育肥農家」。繁殖農家就是在這場拍賣會裡購得出生8～10個月左右的小牛。

　　尾崎先生目光如電，飛速地將站列於會場裡將近400頭小牛檢視過一遍。雖然要從牛蹄、皮膚與牛毛的品質，還有整體印象等外在條件

來做判斷，但平均每頭牛只花了幾秒到幾十秒的時間。不愧是練到爐火純青的技術。此外，除了檢視外表，小牛的雙親與牛隻生產者資訊也是相當重要的判斷指標。

　　育肥農家的工作是花上20個月的時間，將購入當下僅250～300kg的小牛培育至700～800kg的大小。這次要拜訪的牧場是尾崎先生名下，同樣位於宮崎市內的自家牧場。

　　要給牛隻餵什麼樣的飼料？要在什麼樣的環境飼育？又要花費多長的時間進行育肥？這些都是會隨著各家育肥農家的技術與做法各異而展現出不同特色之處。如本書第142頁中所介紹，尾崎先生是以十三種材料獨家配製而成的飼料，

花上長達32個月以上的時間慢慢將牛隻養大。而一般育肥農家則多半在28個月左右就會出貨。

黑毛和牛不採放牧方式，而是養在牛舍裡面。這一點也會依育肥農家各自的作法而有所不同。尾崎先生採用的是小牛時期以5～6頭為一組、成牛後以2～3頭為一組的方式圈養在牛欄裡。牛隻原本就是群居動物，幾頭牛同時養在一起可以適度激發競爭心理，讓牛隻好好地把飼料吃下去。從這些飼養細節中或多或少也可以窺見，專家們不斷觀察並努力了解牛隻感受的認真態度。

接近出貨的牛隻體型，近看之下壓倒性得巨大。以尾崎牛為例，其進食量從一天10kg慢慢減少至只進食5kg差不多就是出貨的好時機。即使投餵飼料也不予理睬，悠悠哉哉睡大覺的牛隻，看上去就像是已在安享天年，只靜等出貨那天的到來。

http://www.ozaki-beef.com

由於現在日本所有的和牛，都必須根據流通追溯法分配個體識別號碼，所以只要利用網路就能簡單查詢到牛隻生產者與育肥者的資料。品嚐美味牛肉之際，試著了解一下飼養該頭牛的育肥農家或許也很不錯喔！

新加坡當地的「燒烤攤」。
準確使用「YAKINIKU」（燒肉）這個詞彙。

新加坡當地
注資燒肉店。

海外燒肉情勢
〜從燒肉到YAKINIKU〜

石田 傑
BEEF YAKINIKU DINING YAKINIQUEST

壽司、拉麵、燒肉。這三種經常被例舉為日本人最愛的食物之中，壽司與拉麵已然聞名海內外各地。那麼燒肉呢？

「讓『燒肉』成為世界共通語言！」的這個理念，是我從一名燒肉愛好部落客轉而投身海外成為一名燒肉店經營者的個人主觀想法，但很可惜必須要說的是目前燒肉在歐美等地的知名度仍舊不高。不過近來我開在新加坡跟亞洲各國的燒肉店，受歡迎的程度可能遠超日本人的想像。

六年前我到新加坡開店的時候，當地的燒肉店大概還不到二十家。

從那時到現在大約新開了三十家（含已歇業店家）燒肉店。在這人口大約僅有560萬人的小小島國裡，目前仍在營業的燒肉店就有將近四十家。

順帶一提，此處僅計算「日式燒肉店」。雖然話題可能有些跑偏，但在海外「日式燒肉」跟「韓國燒肉」被視為是截然不同的兩種料理。然而燒肉在日本卻大多被歸類於韓國料理的範疇之中，這一點著實相當有趣。

而更該加以矚目的一點是角逐燒肉店的經營者也逐漸變多。以往燒肉店幾乎不是日本就是當地注資，

在台灣非常受歡迎的燒肉店。右圖為該店一眾店員與石田先生（前排中央）的合照。據說店內使用本書初版中文版書冊作為教科書。

香港注資燒肉店的新加坡分店。標榜「日式燒肉」，強調有別於韓國料理。

入選紐約米其林星級餐廳的韓式燒肉店「COTE」。

但現在已經有別的國家也來參與其中。例如香港跟台灣都分別在新加坡開設「日式燒肉店」。要比喻的話，就像日本公司到中國開披薩店。換句話說，「YAKINIKU」在亞洲已是一種共有的餐飲。

額外補充一點，目前新加坡最難預約到的燒肉店之一就是提供符合穆斯林需求，獲得清真認證（Halal Certification）和牛的餐廳。頭裹希賈布遮蓋自己的女性在熱鬧的燒肉店裡夾取燒肉的身影，正是最能讓人對YAKINIKU飲食全球化一事深有所感的場景。

這樣的情況不僅出現在新加坡。從很早以前燒肉在泰國跟台灣就十分受到歡迎，香港以富裕族群為客群的高級燒肉店更是連日座無虛席。聽聞隨著和牛在中國的人氣日

漸水漲船高，其燒肉店的數量也相應增加。原本亞洲各國就有中式火鍋、泰式火鍋（Mu kratha）這類「由客人自行烹煮」的飲食文化，或許這也為燒肉的普及給出了不少助力。

目前我們正處於希望讓歐美人日後也能感受到燒肉魅力的階段。就像紐約的韓式燒肉店「COTE」，選擇牛排館的時尚室內設計，提供比一般燒肉店還要大塊的牛肉塊，並採用由店員在顧客面前烹烤與分切這種歐美人較容易接受的服務方式，獲得米其林一星餐廳肯定。日式燒肉在多方努力之下，躋身不輸壽司或拉麵的日本代表性料理的那一天，應該並不會太遙遠吧！

探究燒肉的單位「YAKINIKUQUEST」是間在「讓『燒肉』成為世界共通語言！」的口號下，於2015年1月29日開業的燒肉店。以套餐形式供應能享用各種部位的方案。

BEEF YAKINIKU DINING YAKINIQUEST
48 Boat Quay, Singapore 049837 +65 6223-4129

豬

Pork

一般提到「燒肉」的時候，往往都會聯想到牛肉，但燒肉店中提供豬肉的店家也所在多有。因而將從這一頁開始簡要解說豬肉的相關知識。

順帶一提，如同沖繩俗諺「豬除了叫聲以外，沒有要丟棄的地方」所述，豬這種動物從頭到腳都有精彩的食用文化。豬肉是優質蛋白質來源，富含消除疲勞效果極佳的維生素 B_1。有人說沖繩之所以有那麼多人活得長壽，就是因為他們時常吃豬肉。

出乎意料不知道的
「豬肉」小知識

何謂
三元豬？

如果把三元豬理解為品牌豬，那麼你就大錯特錯了。簡單來說，三元豬指的是三種豬交配後產下的豬。日本養豬界的主流做法是以藍瑞斯種（Landrace）母豬與大約克夏種（Yorkshire）公豬交配，生出來的母豬再和杜洛克種（Duroc）公豬交配，最後生出來的豬隻就是所謂的「三元豬」。

了解品種＝懂得挑選每位豬肉的指標！

　　我們日常生活中吃進嘴裡的豬肉是由數個品種交配而來的。藉由妥善運用各個品種的特長，就能生產出更加美味可口、品質更加穩定的豬。以下介紹的是日本生產的豬隻中最具代表性的四個品種。當你能在看到「三元豬」一詞的時候，說出「這頭豬的祖父是大約克夏豬～」這樣的談話，就稱得上是相當屬害的豬肉達人了。

藍瑞斯種

由丹麥的原生種與大約克夏種交配而得。屬於大型豬，呈延展性流線型。脂肪層較薄而肉量多，適合用於肉品加工。作為主要母系豬品種飼養的數量較多。

約克夏種

英國約克郡的原產白色品種。日本有大約克夏（瘦肉與脂肪比例適中，適合用於肉品加工）與中約克夏（飼養數量有減少的趨勢，肉質十分優良）。

─────── 豬 的 種 類 ───────

杜洛克種

普遍來說是由美國紐澤西州的澤西紅豬，與美國牛約州的紐約紅豬為主體交配而出的品種。特色在於有著漂亮霜降油花與肉質緊實的瘦肉。

盤克夏種（Berkshire）

原產地為英國柏克郡。因為身上有著六個白斑，也被稱為「六白豬」。目前在日本九州南部飼有此豬。屬豬肉品質極佳的「黑豬肉」而相當受歡迎。

豬　精肉

牛

前

胸

肩

牛

腰

脊

牛

胸

腹

牛

後

腰

臀

牛

內

臟

豬

肉　精

　肉

雞

肉

肉質沒有差異，能分門別類享用就是箇中好手！

　　豬精肉的特色在於各部位肉質不存在差異，這一點跟牛肉很不一樣。而豬肉的魅力就在於幾乎所有的部位，都能廣泛應用於各式料理之中。

　　以下根據公益社團法人日本食肉標準協會所規定的「豬肉部位交易規範」，進一步細部分化而得出的分類。接下來將為大家介紹：最具豬肉代表性的「肩胛肉」（P.151）、以柔嫩度聞名的部位「小里肌肉」（P.152）、在韓國燒烤店中作為「韓式烤五花肉」（Samgyeopsal-gui）而廣為人知的「腹脇肉」（P.153）、位於豬腿外側的「後臀肉」與「外腿肉」（P.154），以及內側的「後腿心」與「內腿肉」（P.155）等部位。

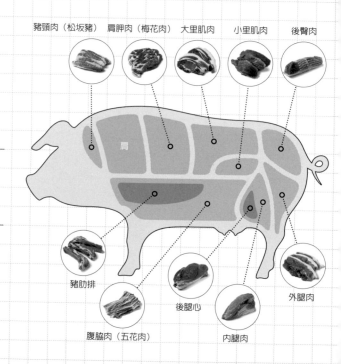

豬頸肉（松坂豬）　肩胛肉（梅花肉）　大里肌肉　小里肌肉　後臀肉

豬肋排

腹脇肉（五花肉）

後腿心

內腿肉

外腿肉

150

狀似鮪魚肚的霜降分布

豬頸肉 （松坂豬）

日文 豚トロ
英文 Fatty Pork (from Neck)

因外觀與鮪魚肚十分相似，在日本被稱為「豚トロ」（トロ＝鮪魚肚）。另一名稱為「豬頸肉」，為脖頸處的肉，風味清爽而具嚼勁。建議可以用鹽巴與胡椒提味，擠上檸檬汁品嚐享用。

要想品嚐豬肉的芳醇滋味與口感就靠這一味

肩胛肉 （梅花肉）

日文 肩ロース
英文 Shoulder Roast

連接大里肌肉的肩胛肉。特色在於肉質肌理略粗，瘦肉之中分布著恰到好處的脂肪含量。濃郁芳醇的滋味最適合用於咖哩、燒肉、薑汁豬肉等料理。別忘了烹調前要先切斷肉筋。

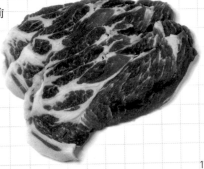

牛
前
胸
肩

牛
腰
脊

牛
胸
腹

牛
後
腰
臀

牛
內
臟

豬　精
肉　肉

雞
肉

其脂肪之美味！不用說也知道的豬肉之王

大里肌肉

日文 ロース
英文 Loin

豬胸至腰部的背側肉，肌理細緻而肉質柔嫩。豬肉顏色呈淺灰紅色，看上去帶了點鮮豔光澤者屬最上等。邊緣的脂肪部分也濃縮了不少美味精華。製成炸豬排或嫩煎豬肉排、火腿等料理尤為理想。

備受期待的美肌效果令女性趨之若鶩

小里肌肉

日文 ヒレ
英文 Fillet, Tenderloin

左右大里肌肉內側分別各有一塊，一頭豬只能取得1kg的珍貴部位。肌理極為細緻，被認為是豬肉當中肉質最佳的部分。具美肌效果的維生素B1含量最是豐富，因而深受女性歡迎。

越嚼越是在口中瀰漫開來的鮮甜美味

腹脇肉 (五花肉) 日文 バラ
英文 Back Ribs, Belly

　除去大里肌肉後的軀幹腹側肉。因為這部位的肉由脂肪與瘦肉呈三層相互交疊狀，所以也被稱為三層肉。特色在於瘦肉肌理略顯粗糙，但肉質柔嫩且脂肪滋味濃郁。用以製成培根也是廣為人知的調理方式。

豪邁地大快朵頤是不變的美味定律

豬肋排 日文 スペアリブ
英文 Spareribs

　帶骨腹脇肉。最大的魅力在於肋骨肉周邊特有的濃郁鮮甜美味。在美國戶外烤肉的場景中，豪邁咬下肋排的畫面想必大家應該都不陌生。日本沖繩地區的排骨麵就是用豬肋排燉煮而成。

153

牛
前
胸
肩

牛
腰
脊

牛
胸
腹

牛
後
腰
臀

牛
內
臟

豬　精
肉　肉

雞
肉

能充分享用豬肉本身風味的瘦肉

 後臀肉 日文 ランイチ
英文 Rump and Aitchbone Meat

　　豬後腰臀部接近腿部之處，包含「上後腰脊肉」與「上後腰脊蓋肉」在內的部位稱呼。味道十分具有深度，為肉質軟嫩的瘦肉。雖然此部位近年來以牛肉的「臀部」（P.76～79）為主流，但豬後臀肉的稀有度較高，如果有幸遇到請不妨一試。

做成任何料理都好吃的萬能選手

 外腿肉 日文 ソトモモ
英文 Ham

　　由於這是個接近臀部運動量大的部位，故而特色在於肉質纖維略粗而顏色略深。風味雖顯清淡，但出乎意料地十分適合應用到各種料理之中。無論是切成薄片做成烤豬肉，或是切塊做成奶油燉菜都很美味。

富含有助於消除疲勞的蛋白質

後腿心
日文 シンタマ
英文 Round

　其肌理細緻而幾乎不含脂肪的肉質，跟下方的內腿肉幾乎沒什麼不同，但在顏色上比內腿肉更顯深紅。富含有助於消除疲勞的蛋白質與鐵質。由於過度加熱會導致肉質變硬，所以在烹調的時候需要多加留意這一點。

肉質類似小里肌肉，滑順濕潤的瘦肉

內腿肉
日文 ウチモモ
英文 Top-Round

　後腳連接身體的內側根部之處。其肌理細緻而滑順濕潤的口感會讓人聯想到小里肌肉。是豬肉之中脂肪含量最少的部位。可以說是最適合用於咕咾肉或燉肉這種使用塊狀豬肉烹調的料理。

因豬肉串燒風潮而導致辨識度急遽攀升！

在近幾年間獲得大眾認可的小吃——豬肉串燒，其食材正是來自於下圖所標示的各種豬內臟。豬跟牛隻一樣如同本書第97頁所介紹過的一樣，除屠體以外的其餘部位都歸類於內臟一類，所以像「豬橫膈膜」（P.158）這種口感幾乎無異於一般肉的部位，以及「豬舌」（P.157）這種沒有腥臊味的部位也都涵蓋其中。

味道清淡，就連初嚐豬內臟也能輕鬆入口的「豬心」（P.159）跟讓人會吃上癮帶著奶香味的「豬乳房」（P.163）等等，如此豐富多元的好滋味正是內臟的魅力所在。請務必試著從中挖掘出符合自身喜好的好味道。

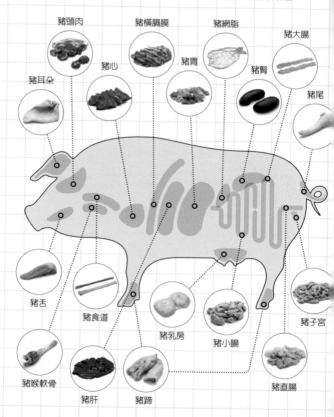

豬頭肉　豬橫膈膜　豬網脂
豬心　豬胃　豬腎　豬大腸
豬耳朵　豬尾
豬舌　豬食道　豬乳房　豬小腸　豬子宮
豬喉軟骨　豬肝　豬蹄　豬直腸

吃起來比牛舌更清爽脆彈！

豬舌　日文 タン　英文 Tongue

　　豬舌的存在感比牛舌更低，不過近期在燒肉店看到的機會也有增多的趨勢。豬舌的脂肪比牛舌少，舌根與前端的肉質幾乎不變，能享受到那彈牙爽脆的口感。如果能隨個人喜好挑選牛舌或豬舌就算得上是一名達人了。

大量的膠原蛋白令翌日早晨的肌膚彈潤光滑

豬蹄　日文 トンソク　英文 Pig's Feet

　　正如其名是豬的腳蹄。準確來說是足關節以下的部位。幾乎都是由軟骨與筋、豬皮所構成而肉較少。動物性膠質中富含具美肌效果的膠原蛋白。在沖繩又被稱作為「テビチ」，用於燉煮料理。

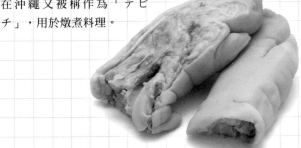

照片提供／一般社團法人 日本畜產副產物協會

恰到好處的彈韌口感令人欲罷不能

豬胃　日文 ガツ
英文 Stomach

　　豬的胃袋。特色在於味道清爽，有著類似雞胗的彈脆口感。因為肉質較為硬實，所以可先將豬胃煮軟以後，拿來用於燒烤或拌炒。豬胃中接近食道的「胃芯」更是上等部位。淡淡的粉紅色澤在在訴說著它的新鮮度。

凡吃過一次就會上癮的「內臟之王」

豬橫膈膜　日文 ハラミ
英文 Diaphragm (Skirt), Hanging Tender

　　位於橫膈膜兩側的筋肉，在燒肉店裡也稱得上是數一數二高人氣內臟部位（順帶一提，橫膈膜中央部位為「內橫膈膜肉」）。可品嚐到肉質軟嫩與濃縮於其中的美味精華。在韓國以「海鷗肉」之名為人所知。

重點在於能一舉擄獲內臟愛好者的「好口感」

豬子宮 日文 コブクロ
英文 Uterus

　　豬的子宮。可同時滿足爽脆、滑溜口感的豬子宮，對喜歡吃內臟的人來說應該會是個欲罷不能的部位。它的風味清淡，和瘦肉同樣富含蛋白質，具滋養強壯的效果。以鹽巴調味燒烤過後，再擠上檸檬汁來享用這道風味清爽的燒烤吧！

首次享用內臟的人也十分易於入口的清淡風味

豬心 日文 ハツ
英文 Heart

　　豬的心臟。肉質十分厚實，由細密的筋纖維所組成，彈牙口感十分卓越。味道吃起來比牛心更淡，不帶腥臊味。表面光澤且瘦肉部分呈桃紅色澤為新鮮的象徵。如果肉質的彈性更高，其新鮮度更是無庸置疑。

讓人醉心於脂肪鮮甜美味的內臟

豬小腸
日文 ショウチョウ
英文 Small Intestine

　　具小腸特有的細長形狀，特徵在於含有大量脂肪。在日本又被稱為「ヒモ（紐）」。雖然吃起來稍微硬了一些，但是燉煮後就會變軟而且滋味很豐富。做成串燒也很美味。

身體健康所不可或缺的「營養寶庫」

豬肝
日文 レバー
英文 Liver

　　豬的肝臟。雖然每個人對豬肝獨特的味道與氣味、黏糊口感的喜好與否十分兩極化，但這部位的營養滿分。比如說，它是內臟中維生素A含量最多，還富含維生素B_1、維生素B_2與鐵質。適用於各種料理也是其魅力之一。

高階內臟愛好者才懂的稀有部位

豬直腸

日文 チョクチョウ
英文 Rectum

　　豬的直腸。切開的形狀如同長槍，所以在日本也被稱為「テッポウ（鉄砲）」。是一頭豬只能取得一點點的貴重部位，特徵在於其獨特的彈牙口感讓人越嚼越有味道。這道內行人都喜歡的隱藏版珍品，希望你也能嚐上一回。

簡簡單單就能讓料理變美味的偉大「幫手」

豬網脂

日文 アミアブラ
英文 Crépine (Caul Fat)

　　裹覆在內臟周圍的網狀脂肪，在法國被稱作為「crépine」。要嫩煎或火烤肉中脂肪含量較少的部位之時，只需用網脂將肉包起來烹調，口感就不會顯得太乾柴，再加上脂肪的甘甜會讓肉顯得更加鮮甜美味。

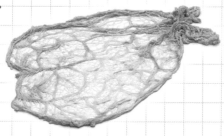

在串燒店大受歡迎，和後勁強烈的酒也很對味！

豬頭肉
日文 カシラニク
英文 Head Meat (Temple, Cheek, Skull Meat)

　　豬頭部的肉。雖然以豬頭肉來統稱，但其實根據部位的不同，有著豬太陽穴、豬頰肉、豬耳朵等各種部位名稱。富含動物性膠質而低熱量。這部位的串燒跟燒酎著實絕配。

彈牙爽脆口感與脂肪的絕妙合聲

豬食道
日文 ショクドウ
英文 Esophagus

　　別名喉管，位於比喉軟管更深處之處，是食道的通道部分。將通道對半切開使用。比軟骨更有嚼勁的同時還富含一定程度的脂肪。因味道與瘦肉相近，所以也有燒肉店會做供應。

Q彈滑溜的口感不斷有人為之上癮

 豬大腸　日文 ダイチョウ
英文 Large Intestine

　　豬的大腸。特色在於比小腸略粗而有嚼勁的口感。含有大量脂肪，愛上這種滑溜脆彈口感的人並不算少。適合用於長時間燉煮的料理，也常被用於烹煮滷內臟或內臟火鍋料理。

柔嫩軟Q而洋溢著奶香味

 豬乳房　日文 チチカブ
英文 Breast

　　豬乳房，也就是豬的胸部。呈淡粉色。含有不少脂肪，雖然口感軟Q柔嫩卻很難一下子就輕易咬斷。瀰漫在口中的奶香味，或許讓人吃過一次就上癮！

牛
前
胸
肩

牛
腰
脊

牛
胸
腹

牛
後
腰
臀

牛
內
臟

豬
肉　內
臟

雞
肉

當成下酒菜來品嚐這嚼感獨特的內臟

 豬喉軟骨　日文 ノドナンコツ　英文 Tracheal (Windpipe) Cartilage

　　喉結到氣管部分的軟骨。將氣管的前端部分切成圓片，就會像甜甜圈一樣呈中空形狀，故而在日本也被稱為「甜甜圈」。將這具有爽脆口感的軟骨，當成下酒菜來享用。

越嚼越滿溢口中的鮮甜美味！

 豬尾　日文 テール　英文 Tail

　　豬的尾巴，是豬肉部位中特別硬的部分。經過長時間燉煮會變得黏糊軟嫩，美味程度倍增。熬煮成湯品或燉菜都很好吃。由於含有豐富的動物性膠質，所以美肌效果十分可期。

如海蜇般爽脆的口感

 豬耳　日文 ミミ　英文 Pig's Ear

　　豬的耳朵，又稱為豬耳皮。在沖繩料理中相當常見。主要由豬皮與軟骨組成，特色在於有著類似海蜇的爽脆口感。可以炙烤以後享用，或是汆燙過後切成細條狀拌上醋醬油品嚐也是一大享受。

味道與口感恰似清爽版豬肝

 豬腎　日文 マメ　英文 Kidney

　　豬的腎臟。因為外觀狀似蠶豆，所以在日本被稱為「マメ（豆）」。特色在於肉質肌理細緻而口感彈牙有嚼勁。富含維生素A、維生素B_1、維生素B_2、維生素C、維生素E等營養成分使其足具魅力。請充分加熱以後再行享用。

雞
Chicken

　　雞在過去的日本曾經是供大名或公家等身分尊貴之人賞玩的動物。在江戶時代結束之際才開始為人們所食用，直至明治時代才開始普遍吃得到雞肉。

　　比起豬肉跟牛肉，雞肉含有豐富的必需胺基酸，脂肪含量卻僅有一半。由於雞肉中富含能降低膽固醇的不飽和脂肪酸，所以擔心罹患生活習慣病的人也能安心享用。雞肉去皮以後的熱量較低，也很推薦減重者食用。

出乎意料不知道的「雞肉」小知識

對美肌很有效!?

視黃醇（Retinol）是雞肉所含營養素中相當備受矚目的成分。根據日本文部科學省的食品成分資料庫，雞肉中的含量比豬肉多了大約三倍，比牛肉多了大約十倍（以絞肉進行比較）。視黃醇是個具有美肌效果，能強化皮膚與黏膜的成分。據說世界三大美女之一的楊貴妃就對燉煮雞翅料理情有獨鍾。雞肉還富含膠原蛋白，雙重效果也十分可期。

應該正確理解「白肉雞」的相關知識

提到雞肉的時候，經常會登場的詞彙就是「白肉雞」。如果誤把它當作雞肉的種類，那就大錯特錯了。所謂的白肉雞指的是，花費八週時間，將基於食用目的而做出改良的雜交品種育肥至2.6kg左右的「小雞」。以下將為大家介紹日本的三種肉雞品種：「白色可尼秀雞（White Cornish）」、「白色橫斑蘆花雞」（White Plymouth Rock）、「名古屋交趾雞」（Nagoya Cochin；名古屋種）。

雞 的 種 類

照片提供／獨立行政法人 家畜改良中心
　　　　　兵庫牧場

白色可尼秀雞

源自於在英國經過各色品種交配後所誕生的印地安遊戲（Indian Game）品種。成長速度快且雞胸肉量多。目前被拿來當作白肉雞的公雞飼育。

照片提供／獨立行政法人 家畜改良中心
　　　　　兵庫牧場

白色橫斑蘆花雞

1888年於美國獲得公認的品種。擁有優秀的產蛋能力。近年來肉雞主要是由上述的公白色可尼秀雞與這種母白色橫斑蘆花雞交配產下的雜交雞。

照片提供／愛知縣農業綜合試驗場
　　　　　畜產研究部 養雞研究室

名古屋交趾雞（名古屋種）

源於中國品種的交趾雞，根據羽毛顏色的不同，有白羽交趾雞、黑羽交趾雞、棕羽交趾雞等各種稱呼。名古屋交趾雞則是與尾張地區原生種交配後的品種，成年的公雞重4kg、母雞重3kg，性成熟期為6個月。

雞　精肉

牛
前
胸
肩

牛
腰
脊

牛
胸
腹

牛
後
腰
臀

牛
內
臟

豬
肉

雞
肉　精
　　肉

在日本烤雞串店看到的「精肉」唸法是？

「正肉」（中文為精肉）是日本烤雞串店基本菜色之一。你是曾經搞不清楚這個字到底該唸「しょうにく（syou-niku）」還是「せいにく（sei-niku）」？正確答但是跟牛肉與豬肉一樣，都唸作「しょうにく（syou-niku）」。下次有機會用日文點餐時，可以拿出自信來點餐。

而根據一般社團法人 日本食鳥協會的「食雞交易標準 食雞零售標準」，雞的精肉指的就是「雞胸肉」與「雞腿肉」（P.169）。接近雞胸肉的「里肌肉」似乎也該包含其中，但因為是位於深處的胸肌，所以不含在精肉的範圍內。這意外的事實不妨先牢記於心。

雞胸肉　　　　雞腿肉

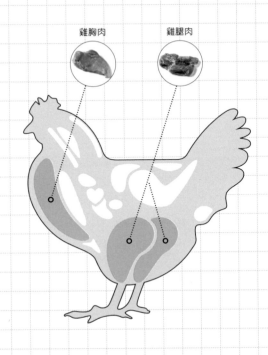

以健康肉品之姿備受矚目的部位

雞胸肉 日文 ムネ
英文 Breast

脂肪含量少而幾乎沒有雞肉特有的腥味。雖然連皮一起吃風味更為濃郁，但近來在健康取向的影響下，多半會去皮販售。據說有效抗老的甲肌肽（Anserine）與肌肽（Carnosine）含量相當豐富。

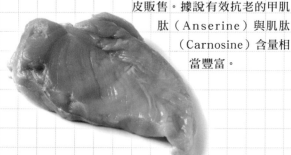

柔軟滑嫩的彈性肉質十分受到歡迎

雞腿肉 日文 モモ
英文 Thigh / Leg

烤雞肉串、炸雞塊、燉雞。風味濃郁且帶著適度脂肪的雞腿肉，在各種料理舞台上都非常活躍。想要降低熱量的時候可以把皮肉之間的脂肪塊去掉。雞腿肉中含有被認為具去除疲勞效果的牛磺酸，這一點也是其魅力所在。

變身成多采多姿的料理！雞肉的美味仙境！

　　酥炸成金黃色的多汁炸雞、營養豐富的韭菜炒肝臟、油封雞胗……能根據部位的不同採用各式烹調方式正是雞肉最大的魅力所在。

　　我們從這裡開始要來談談精肉以外的雞肉部位……也就是「雞翅」還有「翅小腿」（P.171）這兩種帶骨肉，以及「里肌肉」、「雞肝」（P.172）等歸於內臟系列的部位。或許你還能在其中找到在烤雞串店菜單中登場的稀有部位名稱。如果知道吃的是什麼部位，應該就更能品嚐出那一份烤雞串的深度美味才對。

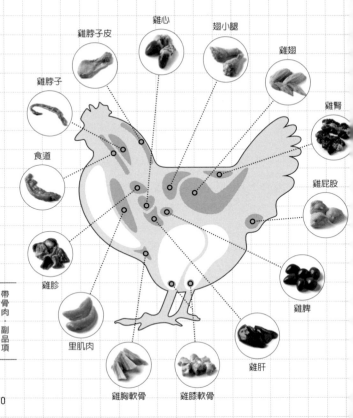

雞心
雞脖子皮
翅小腿
雞翅
雞脖子
雞腎
食道
雞屁股
雞胗
雞脾
里肌肉
雞肝
雞胸軟骨
雞膝軟骨

富含動物性膠質與膠原蛋白

雞翅
日文 手羽先
英文 Wing

雞三節翅前端的二節翅部分。特色在於含肉量少而富含動物性膠質與脂肪。這些動物性膠質會在慢慢熬煮中溶出，故而可以享用到濃厚的鮮美滋味。做成炸雞翅享受雞皮的酥脆口感也是一大樂事。

比二節翅更加清爽好入口

翅小腿
日文 手羽元
英文 Drumstick

雞三節翅尾端根部。脂肪含量比雞翅更少，風味也更顯清淡。肉質說起來跟雞胸肉有些相似。由於翅小腿中帶骨，如果加到熱湯或火鍋裡面，從雞骨當中熬煮出來的湯汁會增添不少鮮甜好滋味。和油製品十分合拍，也很適合製成炸物。

高蛋白質而脂肪含量稀少

里肌肉　日文 ササミ　英文 Tenderloin

　　緊貼雞胸裡面龍骨的部位，由於外觀狀似細竹葉，所以日文稱它為「ササミ（笹身；笹＝竹葉）」。是雞肉中蛋白質最多且脂肪最少的部位。特色在於清爽而極佳的美味。里肌肉相當受到減重者的偏愛。

獨有的腥臊味比牛肝跟豬肝還溫和

雞肝　日文 レバー　英文 Liver

　　雞的肝臟。在日本又稱為「きも（肝）」。含有豐富的維生素A、維生素B₁、維生素B₂與鐵質。因為臊味不像牛肝與豬肝那麼重，比較好入口，所以敢吃雞肝的人比較多。而低醣適合在意熱量的人食用。

只能在雞肉中嚐到的脆彈口感

雞胗　日文 砂肝　英文 Gizzard

　　這部位在禽類的內臟裡也被稱為「砂囊」，在日本又稱「筋胃」。沒有牙齒的禽類會利用砂囊中的沙礫磨碎食物以取代牙齒咬碎食物的功能。雞胗不帶腥味，有著獨特的脆彈口感。

可以有效率地攝取各種營養素

雞心　日文 ハツ　英文 Heart

　　雞的心臟。在日本又稱為「こころ（心）」。是個能同時享用到脆嫩口感與內臟特有柔軟度的部位。富含能有效改善貧血的葉酸、血液成分的鐵質與維生素A。除了用於烤串之外，用於燉煮、熱炒、油炸都很合適。

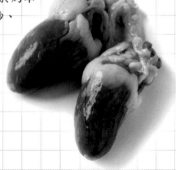

十分適合作為喝啤酒的下酒菜

雞胸軟骨
日文 ヤゲンナンコツ
英文 Breast Cartilage

為雞胸骨前端的軟骨。因其Y字形軟骨狀似研磨生藥的「藥輾」工具，日本便以此命名為「ヤゲンナンコツ（藥研軟骨）」。美味的樂趣在於爽脆的口感。以鹽巴簡單調味後炙烤，就是最佳的下酒菜。

作為主角或料理配角都很不錯

雞膝軟骨
日文 ヒザナンコツ
英文 Knee Cartilage

雞膝關節的軟骨，在日本又稱為「ゲンコツ（拳骨）」。跟上述的「雞胸軟骨」同樣具有令人欲罷不能的爽脆口感。因為骨頭部分十分光滑，調理的時候要仔細燒烤。用來熬煮湯頭也很不錯。

一隻雞只能取得幾克的稀有部位

雞脖子 日文 ツル
英文 Neck

　　這個在日本又稱為「小肉」的部位，指的是肉雞脖子周圍的肉。在烤雞串店中有時也會以「セセリ」一稱做供應。由於是個經常會活動到的部位，所以吃起來十分有彈性，可以享用到頗具深度的芳醇好滋味。

用烤串或汆燙來享用脂肪的鮮美

雞脖子皮 日文 クビカワ
英文 Neck Skin

　　此部位正如其名是雞脖子的皮。是個能直接享用到脂肪甘甜美味的部位。由於富含具美肌效果的膠原蛋白，所以特別推薦給女性。用於烤串自不必說，剁碎以後汆燙再拌上柑橘醋也很不錯。

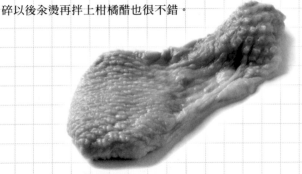

想佯裝老饕就要點上這道菜

食道 　日文 サエズリ
　英文 Esophagus

雞的氣管（食道）。外形呈管狀而有著獨特的彈性，沒有什麼特殊味道而易於入口。在日本連鎖烤雞串店裡很是少見，著實稱得上是內行人才懂得的稀有部位。這個多汁美味的好滋味，請務必一嚐。

一隻雞僅能取得一個的稀有部位

雞脾 　日文 アズキ
　英文 Spleen

雞的肝臟（丸肝）。因為外觀狀如紅豆，所以在日本被稱為「アズキ」（紅豆），又因為對眼睛有益處而被稱為「目肝」。口感軟嫩，沒有想像中的腥臊味，還能感受到些許甜味。由於這是個稀有部位，如果有機會遇到就嚐嚐看吧！

176

與雞肝同樣並列為高營養價值的部位

雞腎
日文 背肝
英文 Kidney

　　雞的腎臟。單看外表或許有人會萌生拒吃的想法，不過雞腎富含脂肪，放入口中只會感受它的可口美味。與雞肝一樣富含維生素A與鐵質等營養素，是個高營養價值的部位。

美味多汁的程度簡直就是「雞中的鮪魚肚」

雞屁股
日文 テール
英文 Tail

　　相當於雞尾的三角形部位，是個覆蓋尾骨周圍的稀有部位。在日本又被稱為「ぼんじり」、「ぼんぼち」、「さんかく」。是雞肉中脂肪含量最豐富的部位，有著多汁到似是像要在口中化開般的絕品美味。

其他食用肉

牛肉、豬肉跟雞肉是「肉品界」最基本的肉類。
如果你的目標是成為更上一層樓的肉品達人，
那麼你對馬肉或羊肉等傳統食用肉，
還有鹿肉與兔肉等「野味」的知識也該有大致了解。
如此一來定能在各種飲食場合中派上用場。
在餐廳中也能得心應手地款待好客人了。

Horse

改善生活習慣病的有力夥伴

馬肉 Horse

馬肉在日本又名「桜肉」。生馬肉（生馬肉片）在日本是很常見的吃法，在東京有個名為「桜鍋」，像吃壽喜燒那樣以高湯醬汁烹煮馬肉的烹調吃法。相比於牛肉、豬肉、雞肉，更加低熱量、低脂肪、低膽固醇且高蛋白質，因此特別推薦新陳代謝不好的人享用。位於歐洲的馬肉飲食文化發源地法國甚至還有馬肉專賣店存在。

Lamb, Mutton

根據成長階段而有不同「稱呼」

羊肉 Lamb, Mutton

出生未滿一年而尚未長出永久齒的稱為「羊羔（Lamb）」，此外稱為「成羊（Mutton）」（紐西蘭甚至還以「Hogget」稱呼一歲小羊）。因為富含能促進脂肪燃燒的左旋肉鹼而十分符合減重者的需求。此外，它還能減少乳酸這種令肌肉感到疲勞的物質，備受運動員青睞。

在沖繩，不說都知道的補氣好食材

山羊肉 Chevon

山羊肉在沖繩是一種會在有事慶祝的好日子裡享用，或是作為進補食用的貴重肉品。但對一般人來說應該是個會被列為次要分類裡的肉類吧。其獨特的羊羶味會讓人想敬而遠之，但在擅長使用辛香調料味的亞洲各國倒是經常被拿來製作成咖哩或烤串來享用。低熱量且高蛋白質，富含鐵質與鋅等礦物質。

洋溢著野趣風味的野味代表

鹿肉 Venison

鹿肉作為法國料理中的高級食材，深深攫住了老饕們的胃。因為肉中含有豐富的鐵質，所以鹿肉的特色就在於肉的顏色比其他動物的肉更為鮮紅。近年來北海道才有的蝦夷鹿肉更是備受眾人關注的焦點。推薦可以將里肌肉與里脊肉做成香煎鹿肉排或炸鹿肉排，腿肉則切成薄肉片後直接享用原味。

促使魯山人成為美食家的「始作俑者」

野豬肉 Boar

瘦肉鮮豔的暗紅色澤與脂肪的潤白色形成強烈對比的美味豬肉。將這種別名又稱牡丹肉的山豬肉，以切成薄片涮入火鍋中享用的鄉土料理牡丹鍋之名而為人所知。乍看之下似乎顯得很油膩，但其實熱量不會太高且風味清爽。就連那位世所罕有的美食家北大路魯山人也在吃過野豬肉後，在自己的隨筆中自述第一次發現到了「食物的美味」。

德川將軍家新年料理中不可或缺的肉

兔肉 Rabbit

在歐洲料理之中，尤其是在法國料理之中常見的兔肉，大致可分為養殖兔（Lapin）與野兔（Lièvre）兩種。兔肉的特徵在於肉質軟嫩。日本自古以來就有食用兔肉的習慣，相傳德川將軍家會在正月的頭三天烹煮兔肉清湯，以此款待前來登城賀年的御三家※或大名。

※御三家：除德川本家外，擁有徵夷大將軍繼承權的尾張德川家、紀州德川家、水戶德川家三支分家。

著實堪稱法國料理的「門面」

鴨肉 Duck

最受歡迎的「Barbarie」、代表法國的「Challans」，以及以製作鴨肝醬而聞名的「Mulard」鴨子，分別為讓人為其美味趨之若鶩的鴨子品種。而摘去肝臟的鴨胸肉被稱為「magret de canard」。營養方面富含維生素B_1、維生素B_2與鐵質，據說有助於維持皮膚與指甲、毛髮的健康，有益於女性。

在埃及甚至有鴿子料理專賣店！

鴿子肉 Pigeon

在日本鮮少食用的鴿子肉，在埃及可是非常常見而受歡迎的食材。不但被視為比雞肉還高級的肉類，甚至還有鴿子料理專賣店。此外，鴿子肉在法國也是十分普遍常見的食材，其中評價最好的鴿子產自布雷斯（Bresse）地區。尤其以「Pigeonneau」（乳鴿）的鮮嫩肉質與濃郁美味最具魅力。

自古以來就是上位者之間的珍饈

野雞肉 Pheasant

如同吉田兼好在《徒然草》中提及的「野雞與鯉魚並列為特別的食物」、15世紀食譜《四條流烹飪書》中記載的「提到雞肉非野雞莫屬」相關記述，野雞肉自古以來就被視為是種珍貴食材，受到上位者們的喜愛。野雞肉是鳥類野味中的代表，大約12月～2月是最佳賞味期。相比於雞肉更加低熱量、高蛋白質。胺基酸含量豐富，美容效果可期。

風味與小牛十分相近的健康瘦肉

鴕鳥肉 Ostrich

相信有不少人都因為鴕鳥皮製品而對鴕鳥不陌生，不過牠其實另一方面也因為脂肪含量低，還富含有效促進脂肪燃燒的左旋肉鹼，以健康食材之姿提高了不少知名度。其肉質非常軟嫩，完全沒有異味與腥臊味。不論是做成香煎鴕鳥排或炒鴕鳥肉都很美味，切片做成生鴕鳥肉冷盤（Carpaccio）也別有一番樂趣。

戰後的經典食材，有人氣復甦的趨勢

鯨魚肉 Whale

過去鯨魚肉在日本是種「十分習以為常」的食材。酥炸鯨魚肉更是戰後學校營養午餐頗具代表性的常見菜品。雖曾受捕鯨問題影響而導致市面流通數量驟減，但近年來有人氣逐漸復甦的趨勢，在居酒屋的菜單上也看得到鯨魚肉料理。滋味比牛肉更加濃郁，請務必一嚐。

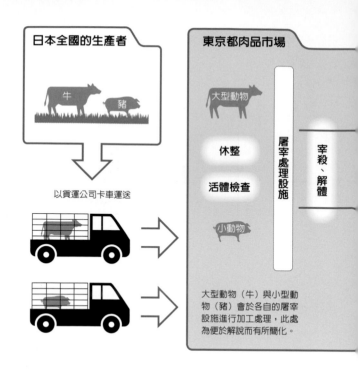

日本全國的生產者

牛　豬

以貨運公司卡車運送

東京都肉品市場

大型動物

休整

活體檢查

小動物

屠宰處理設施

宰殺、解體

大型動物（牛）與小型動物（豬）會於各自的屠宰設施進行加工處理，此處為便於解說而有所簡化。

肉品的流通 （東京都中央批發市場 肉品市場）

「ごちそうさま」（多謝款待）這句話是對享用食物一事表達感謝之情的話語。在此將針對將活體生命處理成「美味肉品」的專業人士，以及肉品流通的結構稍作解說。

將生命毫不浪費地提供給消費者。

為了將牛肉與豬肉送到我們的餐桌上，市場是不可或缺的存在。「東京都中央批發市場」正是其中最具代表性的存在。從關東近郊到東北及關西的品牌牛、豬隻全都會聚集於此。如果以魚產市場中的豐洲市場來做比喻，應該就不那麼難懂了吧！

關於實際上的流通過程，請參閱上圖。首先，來自日本全國牧場的成牛、成豬會透過貨運公司運送到這個市場。而後牛隻與豬隻會按各自的流程進行宰殺與解體，接著再由批發業者於市場內進行競標出售作業。其後，屠體與大部分的內臟會由中盤商等業者販售給一般零售

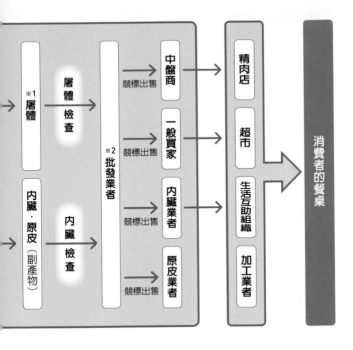

※1 所謂的屠體，指的就是切除宰殺處理後的牛、豬的頭部、四肢、內臟、毛皮、尾部，再沿著背脊對半切成兩塊的軀幹部分。也就是被稱為「精肉」的部分。至於所謂的副產物就是內臟的部分。

※2 批發業者以競標方式出售牛、豬屠體。中盤商競標購得屠體，於市場內加工再行販售給下游業者。他們在市場內設有加工廠與店舖，向前來市場採購的零售業者等人販賣加工後的肉品。

業者，最後再送到我們的餐桌上。

順帶一提，屠體與內臟之外的部位——血液與骨頭等部分會作為藥品或工業製品的原材料做使用（特定危險部位除外）。這些「生命」透過東京肉品市場，在珍之重之且不浪費的前提下，成為了我們的食物。

可參觀學習！肉品資訊館

在位於芝浦肉品市場內的「肉品資訊館」中，可以了解到市場內的分工、肉品生產與流通等綜合資訊。真心熱愛吃肉的人，請務必前去參訪。

東京都港区港南2-7-19 東京都中央批發市場 肉品市場 中心大樓六樓
開館時間：10:00～18:00
休館日：週六、日、國定假日、年節
TEL：03-5479-0651（代表號）

燒烤奧義——YAKINIQUEST指導 燒肉的燒烤方式

如果你已經知道燒肉的基本準則,那麼接下來就只剩實踐了。
吃遍超過1500家燒肉店的燒肉研究集團「YAKINIQUES(燒肉探索隊)」的
gypsy先生,綜觀其長年累月的經驗,
為我們總結出「燒烤奧義」這篇燒烤指南。
只要掌握好這些技巧,肯定就能成為燒肉店中萬眾矚目的焦點!?

燒烤奧義 - ❶
以手確認溫度

烤肉時,必須要等烤網加熱到適當溫度才能把肉放上去。而這項奧義正是用來確認烤網溫度是否處於最佳狀態的技巧。手掌放到烤網上方10公分左右的位置,感受到適當的熱度就是準備OK的信號。這項技巧本身難度並不是很高,但在剛要開始烤肉的此階段裡,能否壓抑急著吃肉的心情確實進行此項確認,反而是項十分考驗精神力的高端技巧了。

燒烤奧義 - ❷
現擠檸檬汁

如同其字面上的意思,是個直接將檸檬擠到烤網裡的肉上面。如果用烤好的肉沾取檸檬汁,美味關鍵的肉汁就會流到檸檬汁的容器裡面。為了避免出現這種情況,要輕輕地把檸檬汁擠到烤好的肉上面。接著就是慎重地將肉送到嘴裡,避免在夾取的途中灑翻肉片表面上的肉汁跟檸檬汁。需注意別因為烤爐上方太燙而弄掉檸檬,或者把檸檬汁噴到別人或別人的肉上。

燒烤奧義 - ❸
拱橋式（Bridge）

燒烤奧義中算得上是數一數二的卓越技巧。如字面所述，將肉片彎曲起來以拱橋式的方式擺放到烤網上，同時炙烤兩個切面。使用此技巧的肉要切成漂亮的長方形並具有一定程度的厚度為佳。將筷子擺在肉片中央輔以支撐，肉片就會在自身重量的壓迫下傾倒成倒U字形。用這種方式靜置在烤網上的肉能夠自行立好不倒就算完成。這可是個兼具藝術性又能縮短烤肉時間，關注度極高的技巧喔！

※這樣的做法十分危險，請勿真的一邊做出拱橋姿勢一邊使出「拱橋式」技巧！

燒烤奧義 - ❹
推背式（Lean Back）

Lean的意思「憑靠、倚靠」。實踐技巧式讓肉「倚靠」在筷子上面，藉此炙烤肉的側面部分。利用這項技巧搭配「拱橋式」（前述）技巧仔細燒烤肉的六個切面，就能炙烤出將肉汁鎖在裡面的完整包覆網。但需留意的一點是，如果肉片本身缺乏一定厚度，就算使出推背式也可能從筷子上面滑下來。

燒烤奧義 - ❺
180° (One-Eighty)

烤肉爐面上會因位置不同而有火力大小上的差異。如果一直把肉擺在同個地方,有可能會把肉烤得很不均勻。這項技巧就是為了避免出現這樣的狀況,在燒烤時將肉往水平方向旋轉180°的招數。如果這個技巧做得好,就能在不侵犯他人燒烤地盤的情況下旋轉肉片。雖然這是個講求行雲流水一氣呵成的帥氣招式,但要是太用力可能就會轉超過180°以上,還請小心使用這項技巧。

燒烤奧義 - ❻
RRS (Rolling Roast Special)

將切成薄片的肉捲成筒狀來燒烤的技巧。這樣的烹烤方式不僅不會流失肉汁,疊捲成千層狀的肉片吃起來還會在口中帶來一種難以言喻的美味快感。重點在於要將肉緊緊捲裹至燒烤期間也不會散開的程度。這種烤法唯一最大的缺點就是外觀看起來就絕對算不上好看。就如這項技巧的名稱「Rolling Roast Special」,是最適合用於里肌肉片*的燒烤技巧。

* 里肌肉:日文中的里肌肉「ロース」源於英文中的「Roast」,意為「適用燒烤的部位」。

燒烤奧義 - ❼
白金輪盤

旋轉烤盤是不讓薄切的大肉片燒烤不均勻的一大技巧。一般尺寸的肉片用「180°」的技巧就能烤得很均勻，但特大號的薄切肉卻無法採用這個辦法。這種時候只需用筷子夾住烤網，緩緩地朝逆時針方向旋轉即可。但也並不需要旋轉太多圈，畢竟這樣做也只是為了調整肉片的燒烤火候。順帶一提，此技巧名稱源自於誕生出此技巧的店舖位於東京白金而得此名。

燒烤奧義 - ❽
Z-meat

你是否也曾經有過無法順利將一大片薄切肉攤放到烤網上的經驗？肉片在你仍舊費力攤開的時候就烤焦了，難得的高級肉就這樣浪費掉了……。這項技巧就是為了避免發生這種狀況而必須學會的招數。如同疊棉被一樣先將肉摺成三摺，如此一來就能動作優美而流暢地在烤網上將肉展開。要將肉翻面的時候也只需採用相同要領比照辦理就OK了。由於摺疊起來的肉從側面看上去狀似「Z」字，故而得此名。

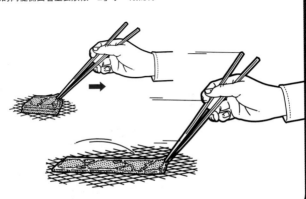

協助攝影店家介紹

本書刊登的牛、豬（精肉）、雞照片，由以下嚴格控管品質，為東京都內一流餐飲店批發供應上等食用肉的精肉店與中盤商提供攝影協助。

肉の藤枝 https://food-majority.co.jp/

特別講究低熔點脂肪母牛的燒肉芝浦精肉店

牛

燒肉芝浦負責人藤枝祐太用心經營的精肉店。店內有肉品服務人員，肉品應有盡有，從燒肉、壽喜燒、涮涮鍋到家常菜品，從家庭用到批發、送禮用皆一應俱全。購買者可透過設有玻璃牆的廚房與步入式冷藏室觀看內部情況，提供「看得見的安心感」。該店也投入不少心力培養有能力處理日本國寶・和牛人才。

東京都世田谷区下馬1-45-6 WISTARIA PLAZA一樓
TEL：03-6805-4129　營業時間：13:00～17:00　不定期店休

伸越商事株式會社 http://shinetsu1021.co.jp/

以日本知名品牌豬為主的豬肉中盤商

豬

在東京都肉品市場腹地內有家負責將屠體分割成肉塊的加工廠，專職豬肉批發的中盤商。所謂的中盤商，就是扮演了從肉品市場的批發商手裡競標買下屠體，再將屠體分割成零散部位轉手批發賣給零售業者或餐飲業者的角色。該公司主要經手以岩手品牌豬「岩中豬」為首風味濃郁的最高等級豬肉，並大多時常銷往東京都內一流的餐廳與餐飲業者。

東京都港区港南2-7-19　東京都肉品市場內　TEL：03-3471-1703

雞肉專賣店 信濃屋 http://www.torinikuya.com/

產地直送，每天清晨解體！熟成的原始風味

雞

實際上，用機器肢解出來的雞肉會流失掉美味──基於這個理由，創業60年來，每天早上店裡的工作人員都會親手細心地肢解每隻雞，再將其分裝成商品販售。經手的雞隻十分有講究地以鳥取的大山雞、山梨的信玄機等品種雞為主，不僅零售買賣，更有來自東京都內至全國各地一流餐飲業者的訂單。

東京都品川区西五反田1-13-1　TEL：03-3491-9320
營業時間：9:00～19:00　店休日：週日、國定假日

參 考 文 獻

《牛部分肉からのカッティングと商品化》食肉通信社
《焼肉の文化史》明石書店
《焼肉の誕生》雄山閣
《焼肉メニュー事典》旭屋出版
《焼肉手帳》東京書籍
《焼肉の教科書》寶島社
《焼肉べんり事典》寶島社新書
《肉ノート》東京Calendar MOOKS
《食肉の知識》公益社團法人 日本食肉協議會
《食肉加工品の知識》公益社團法人 日本食肉協議會
《アメリカン・ビーフ プロダクトガイドブック》美國食肉輸出聯合會
《知っておきたい牛肉の取扱い方法》公益財團法人 日本食肉消費綜合中心
《畜産副生物の知識》公益社團法人 日本食肉協議會
《全國地鶏銘柄鶏ガイドブック2011》一般社團法人 日本食鳥協會
《食鶏取引規格 食鶏小売規格》一般社團法人 日本食鳥協會
《お肉の表示ハンドブック2019》全國食肉公正交易協議會
《はなしのご馳走 食肉の文化知識情報》公益社團法人 日本食肉協議會

參 考 網 站

公益財團法人日本食肉流通中心　https://www.jmtc.or.jp/index.html
公益財團法人日本食肉消費綜合中心　http://www.jmi.or.jp/
全國燒肉協會　https://www.yakiniku.or.jp/
食肉知識　http://kumamoto.lin.gr.jp/shokuniku/
香美町小代觀光協會　https://www.ojirokanko.com/

藤枝祐太
（燒肉芝浦負責人）

http://food-majority.co.jp/

畢業於服部營養專門學校。曾任職義大利餐廳、大型餐飲店從事商品開發，而後於 2007 年開張經營「燒肉芝浦 駒澤本店」。2008 年成立株式會社 FM（Food Majority），其後分別於 2010 年開設「燒肉芝浦 三宿店」、2013 年開設「肉之藤枝」進行展店。秉持「不浪費每一口肉以無愧生命」的理念，經營選用 A4 等級以上母和牛與日本優質國產牛肉的三家店鋪，以及從零售到量販皆有涉足的精肉店，並為東京都內數家燒肉店提供開業指導等項目。一如提及魚貝類便會令人聯想到豐洲市場，其店名「芝浦」取自位於東京品川車站港南口東京都中央批發市場的肉品市場之名。理由是其在獨立開業前半年，為了培養出辨別優質牛肉的眼光而每日無償至此肉品市場幫工，故而以此充滿回憶的地方作為店名「燒肉芝浦」。

TITLE

最新增訂版　燒肉美味手帖

STAFF

出版	瑞昇文化事業股份有限公司			
監修	藤枝祐太	譯者	黃美玉	
總編輯	郭湘齡	文字編輯	張聿雯　徐承義	
美術編輯	許菩真	排版	二次方數位設計　翁慧玲	
製版	明宏彩色照相製版有限公司	印刷	桂林彩色印刷股份有限公司	

法律顧問	立勤國際法律事務所　黃沛聲律師		
戶名	瑞昇文化事業股份有限公司	劃撥帳號	19598343
地址	新北市中和區景平路464巷2弄1-4號		
電話	(02)2945-3191	傳真	(02)2945-3190
網址	www.rising-books.com.tw	初版日期	2022年12月
Mail	deepblue@rising-books.com.tw	定價	320元

ORIGINAL JAPANESE EDITION STAFF

撮影	中村香奈子（表紙・本文）
	伏見早織（株式会社世界文化ホールディングス）
	中島里小梨（株式会社世界文化ホールディングス）
裝丁・本文デザイン	木村真樹
イラストレーション	浦野周平
協力	株式会社FM　焼肉芝浦　肉の藤枝　伸越商事株式会社
	有限会社信濃屋　東京都中央卸売市場食肉市場
	一般社団法人 日本畜産副産物協会
	一般社団法人 日本食鳥協会
構成・執筆	石田 傑（YAKINIQUEST）　甘利美緒
DTP製作	株式会社明昌堂
校正	株式会社ヴェリタ
編集	丸井富美子

國家圖書館出版品預行編目資料

燒肉美味手帖 / 藤枝祐太監修；黃美玉
譯. -- 初版. -- 新北市：瑞昇文化事業股
份有限公司, 2022.12
　192面；11x18.2公分
ISBN 978-986-401-593-1(平裝)

1.CST: 烹飪 2.CST: 肉類食譜

427.8　　　　　　　　　　111016335